长物志

〔明〕文震亨 著 胡锦豪 译

司新宇 李雪琳 刘双 绘

北方联合出版传媒（集团）股份有限公司

万卷出版有限责任公司

图书在版编目（CIP）数据

长物志 / （明）文震亨著；胡锦豪译；司新宇，李雪琳，刘双绘. — 沈阳：万卷出版有限责任公司，2024.9

ISBN 978-7-5470-6538-9

Ⅰ.①长… Ⅱ.①文… ②胡… ③司… ④李… ⑤刘… Ⅲ.①园林设计－中国－明代 Ⅳ.①TU986.2

中国国家版本馆CIP数据核字（2024）第092927号

出 品 人：王维良
出版发行：北方联合出版传媒（集团）股份有限公司
　　　　　万卷出版有限责任公司
　　　　　（地址：沈阳市和平区十一纬路29号　邮编：110003）
印 刷 者：辽宁新华印务有限公司
经 销 者：全国新华书店
幅面尺寸：128mm×189mm
字　　数：280千字
印　　张：12
出版时间：2024年9月第1版
印刷时间：2024年9月第1次印刷
责任编辑：高　爽
责任校对：张　莹
封面设计：范　娇
版式设计：范　娇
ISBN 978-7-5470-6538-9
定　　价：59.80元
联系电话：024-23284090
邮购热线：024-23284050

目录

○○二

序

　　夫标榜林壑，品题酒茗，收藏位置图史、杯铛之属，于世为闲事，于身为长物。而品人者，于此观韵焉，才与情焉，何也？揖古今清华美妙之气于耳、目之前，供我呼吸，罗天地琐杂碎细之物于几席之上，听我指挥，挟日用寒不可衣、饥不可食之器，尊逾拱璧，享轻千金，以寄我之慷慨不平，非有真韵、真才与真情以胜之，其调弗同也。

　　近来富贵家儿与一二庸奴、钝汉，沾沾以好事自命，每经赏鉴，出口便俗，入手便粗，纵极其摩挲护持之情状，其污辱弥甚，遂使真韵、真才、真情之士，相戒不谈风雅。嘻！亦过矣！司马相如携卓文君，卖车骑，买酒舍，文君当垆涤器，映带犊鼻裈边；陶渊明方宅十余亩，草屋八九间，丛菊孤松，有酒便饮。境地两截，要归一致。右丞茶铛药臼，经案绳床；香山名姬骏马，攫石洞庭，结堂庐阜；长公声伎酣适于西湖，烟舫翩跹乎赤壁，禅人酒伴，休息夫雪堂。丰俭不同，总不碍道，其韵致才情，政自不可掩耳！

　　予向持此论告人，独余友启美氏绝颔之。春来将出其所纂《长物志》十二卷，公之艺林，且属余序。予观启美是编，室庐有制，贵其爽而倩、古而洁也；花木、水石、禽鱼有经，贵其秀而远、宜而趣也；书画有目，贵其奇而逸、隽而永也；几榻有度，器具有式，位置有定，贵其精而便、简而裁、巧而自然也；衣饰有王谢之风，舟车有武陵、蜀道之想，蔬果有仙家瓜枣之味，香茗有荀令、玉川之癖，贵其幽而暗、淡而可思也。法律指归，大都游戏点缀中一往删繁去奢之意义存焉。岂唯庸奴、钝汉不能窥其崖略，即世有真韵致、真才情之士，角异猎奇，自不得不降心以奉启美为金汤，诚宇内一快书，而吾党一快事矣！

余因语启美："君家先徵仲太史，以醇古风流，冠冕吴趋者，几满百岁，递传而家声远香，诗中之画，画中之诗，穷吴人巧心妙手，总不出君家谱牒。即余日者过子，盘礴❶累日，婵娟为堂，玉局为斋，令人不胜描画，则斯编常在子衣履襟带间，弄笔费纸，又无乃多事耶？"启美曰："不然，吾正惧吴人心手日变。如子所云，小小闲事长物，将来有滥觞❷而不可知者，聊以是编堤防之。"有是哉！删繁去奢之一言，足以序是编也。予遂述前语相谂，令世睹是编，不徒占启美之韵之才之情，可以知其用意深矣。

沈春泽谨序。

宣扬山林涧壑之趣，品鉴酒茶优劣，收藏安置图籍书史、酒器之事，对世人而言是闲暇之事，对自身而言是多余之物，然而品鉴一个人，正可于此观察其韵致、才思与性情，为什么呢？汲取古今清华美妙之气于耳旁与眼前，供自己呼吸，广罗天下繁杂细微琐碎之物于几席之上，供自己安排，持有日常生活中寒冷时不能用以御寒、饥饿时不能用来充饥的器物，尊尚其胜过贵重的玉璧，享受其如用千金之宝，用以寄托自己的慷慨不平之气，如果没有真正的韵致、真正的才思和真正的性情以契合这些行为，那么显示出的格调也不会相同。

近来富贵人家的子弟与一些庸人、笨人，沾沾自喜地以擅长鉴赏而自命不凡，每次一到鉴赏的时候，出口便知其俗气，入手便知其粗鲁，纵然极力表现出摩挲、呵护器物的情状，但实则对器物的侮辱更甚，这样就使得有真

韵致、真才思、真性情的士人相互告诫不再谈论风雅。唉，这也太过了！司马相如携卓文君变卖车马，买下酒铺，卓文君在柜台洗涤酒器，司马相如身穿形如犊鼻的围裙做事；陶渊明有十余亩的宅院，八九间草屋，在一丛丛的菊花和孤洁的松树之间有酒便饮，二者虽然所处环境不同，但意趣却是一致的。王维煮茶捣药，设有看佛经的几案和胡床；白居易享有著名的歌姬和骏马，在洞庭湖采石，在庐山建造隐居之室；苏轼带着歌伎畅游西湖，乘船寻访赤壁，与僧人佛印饮酒为伴，休息于雪堂之上。数人丰奢俭朴不同，总体却无碍于道，他们的韵致才情，正是难以被掩盖的。

我一向持这种观点告诉别人，只有我的朋友启美（文震亨）认同。开春他将要刻印出版其纂写的《长物志》十二卷，公开于文士圈，并且嘱咐我写序。我读启美这书，室庐有制式，重在爽朗而秀丽、古朴而整洁；花木、水石、禽鱼有原则，重在秀丽而悠远、和谐而成趣；书画有条目，重在奇特而飘逸、隽永而长久；几榻有法度，器具有法式，位置有定式，重在精致而方便、简易而别有心意、精巧而自然；衣饰有南朝王谢二家的风流，舟车有武陵、蜀道的意味，蔬果有仙境瓜枣的味道，香茗从荀彧、卢仝的爱好，重在幽香而隐蔽、清淡而可令人回味。章法制度的要旨，大都是在游戏点缀中存有删繁去奢的意义。不只是俗人、蠹人不能领略理解到其中的意思，即使世界上有真韵致、真才情的士人，争异猎奇的，也不得不甘心佩服，以启美之说为妙，这真是天下的一部好书，也是我辈的一大快事！

因此我对启美说："您的先祖文徵明太史，因古朴风流，吴中的士人都以之为表率，至今将近百年，代代相传而家族名声远扬，诗中之画，画中之诗，穷尽吴郡人士的巧心妙手，都不能超出你家开创的风格技法。我先前拜访你，逗留数日，见到婵娟堂、玉局斋，美得让人无法描画，是则此书所写的内容常在你吃穿住行之中，内化为生活的一部分，然而还费神劳力地将其形于笔墨，不是太有些多事了吗？"启美说："不是的，我正是担心吴中人意趣和技艺日渐改变。如你所说，小小的消闲身外之物，将来会有想要追明其源流而不可得知的情况，就姑且作这本书以避免这种情况。"确实如此，删繁去奢这一句话，足以作为此书的序了。我于是便将前面的对话记录下来，让世人看到这部书的时候，不只是感受到启美的韵致、才思、性情，还可以理解其深远的用意。

沈春泽谨序。

卷一 室庐

居山水间者为上，村居次之，郊居又次之。吾侪①纵不能栖岩止谷，追绮园②之踪，而混迹廛市，要须门庭雅洁，室庐清靓，亭台具旷士之怀，斋阁有幽人之致。又当种佳木怪箨，陈金石图书，令居之者忘老，寓之者忘归，游之者忘倦。蕴隆③则飒然而寒，凛冽则煦然而燠④。若徒侈土木，尚丹垩⑤，真同桎梏樊槛而已。志《室庐第一》。

　　居室房屋当以居住在山水间为佳，择村庄而居稍逊之，住在城郊则又更下一等。我们纵然不能栖居洞穴山谷，择山林而隐居，追寻汉初隐士绮里季、东园公的脚步，然而混迹在都市中生活，也要讲究门庭雅致高洁，房屋洁净，营建的亭榭楼台要展现胸襟开阔之士悠然自得的胸怀，书房阁楼能表现隐士雅致。此外应当在庭院中种植佳木奇竹，在房内摆放钟鼎、碑碣、图画和书籍，使长居于此的人不觉老之将至，借寓于此的人无有归家之意，游览于此的人忘记身心疲倦。气候闷热的时候居住于此则顿觉凉爽，天气寒冷的时候居住于此则觉和煦温暖。如果只是过分追求建筑用材的豪奢，崇尚粉刷修饰的华丽，那么这居舍倒真成了桎梏和樊笼。撰《室庐第一》。

① 侪（chái）：辈，类。② 绮园：指绮里季、东园公，二人皆秦末汉初「商山四皓」中的隐士。③ 蕴隆：暑气郁结而隆盛，指气候闷热。④ 燠：暖，热。⑤ 丹垩（è）：涂红刷白，泛指油漆粉刷。

〇〇二

门

用木为格，以湘妃竹横斜钉之，或四或二，不可用六。两傍用板为春帖①，必随意取唐联佳者刻于上。若用石梱②，必须板扉。石用方厚浑朴，庶不涉俗。门环得古青绿蝴蝶、兽面，或天鸡、饕餮③之属，钉于上为佳，不则用紫铜或精铁，如旧式铸成亦可，黄、白铜俱不可用也。漆惟朱、紫、黑三色，余不可用。

用木制成门的横格，以湘妃竹横斜地钉住横格，或用四根或用两根，但不能用六根。门框两边用板做成春联，须根据不同的意趣，选唐人诗中可为联语的佳句刻在春联板子上。如果用石门槛，必须用木板门。石头应该用方正浑厚朴实的，才不会落入俗气。门环用古青绿蝴蝶、兽面，或天鸡、饕餮之类的纹饰，钉在木板门上最好，如果不行，就用紫铜或者精铁，按照旧有的样式浇铸也可以，黄铜、白铜都不能用。油漆只能用朱、紫、黑三种颜色，其他的都不能用。

①春帖：即春联。②石梱（kǔn）：石门槛。③饕餮：传说中的一种凶恶贪食的怪兽，古代的钟鼎彝器常用其形以为装饰。

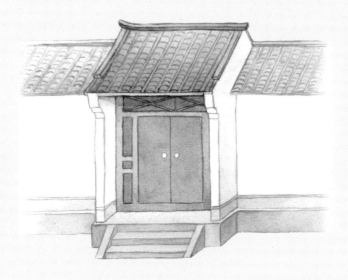

阶

① 文石：有纹理的石头。

② 苔斑：苔藓的斑纹。

　　自三级以至十级，愈高愈古，须以文石剥成。种绣墩或草花数茎于内，枝叶纷披，映阶傍砌。以太湖石叠成者，曰"涩浪"，其制更奇，然不易就。复室须内高于外，取顽石具苔斑^②者嵌之，方有岩阿之致。

译文

　　石阶从三级到十级，越高则越有古意，台阶须用有纹理的石头制成，在台阶的缝隙中种上一些绣墩草或其他花草，花草枝叶繁茂时，可映衬台阶及其周边。用太湖石砌成的台阶，称为"涩浪"，它的样式更加奇特，但不易做成。套房内室要高于外室，用带有苔藓斑纹且未经斧凿的石块镶嵌台阶，这样才有山谷间的风致。

阶

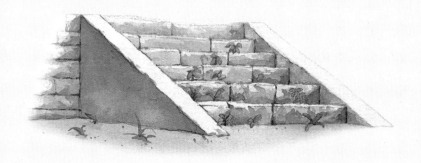

栏　杆

　　石栏最古，第近于琳宫^①、梵宇^②，及人家冢墓。傍池或可用，然不如用石莲柱二，木栏为雅。柱不可过高，亦不可雕鸟兽形。亭、榭、廊、庑可用朱栏及鹅颈承坐，堂中须以巨木雕如石栏，而空其中。顶用柿顶，朱饰，中用荷叶宝瓶^③，绿饰。卍字者，宜闺阁中，不甚古雅。取画图中有可用者，以意成之可也。三横木最便，第太朴，不可多用。更须每楹一扇，不可中竖一木，分为二三。若斋中则竟不必用矣。

　　石栏杆最为古朴，只不过常见于道观、佛寺以及民家坟墓。池塘旁边也可以使用石栏杆，但不如用两个雕莲花的石柱分置一边，中间用木栏为雅，柱子不可以太高，也不可以雕刻鸟兽形状的图案。亭台、水榭、走廊、廊屋可以用朱色栏杆和鹅颈栏杆作为靠背，中间必须用粗壮的木头雕刻成石栏杆的样子，而且将其中间挖空，顶部做成柿子形状，用朱红色的漆，中部雕成荷叶宝瓶形状，用绿色的漆。"卍"字这样的装饰适合用在闺阁房间，不太古雅。选图画中可以用的，按照自己的意趣加工改造即可。三根横木做成栏杆最方便，只是过于简朴，不能多用。栏杆要以一根楹柱为一扇，不可以中间竖一根木头而将栏杆分成二三格。如果是在家居的房屋里，那就完全不必这样了。

栏

杆

照　壁

得文木①如豆瓣楠之类为之，华而复雅，不则竟用素染②，或金漆亦可。青紫及洒金③描画，俱所最忌，亦不可用六。堂中可用一带④，斋中则止，中榻用之。有以夹纱窗或细格代之者，俱称俗品。

　　选用像豆瓣楠之类有纹理的木材做照壁，不仅华丽而且古雅，如若不然，那么用素染或金漆的也可以。青紫色及洒金描画的照壁，都是最为忌讳的。照壁也不能用六扇，正堂中可以用长幅的，居室中不能用，居中的房间可以使用。有用夹纱窗或者细木格子代替的，都可称之为俗气。

照

壁

山　斋

　　宜明净，不可太敞。明净可爽心神，太敞则费目力。或傍檐置窗槛，或由廊以入，俱随地所宜。中庭亦须稍广，可种花木，列盆景，夏日去北扉，前后洞空。庭际沃以饭沈^①，雨渍苔生，绿缛^②可爱。绕砌可种翠云草令遍，茂则青葱欲浮。前垣宜矮，有取薜荔根瘗^③墙下，洒鱼腥水于墙上以引蔓者。虽有幽致，然不如粉壁为佳。

　　山中居室应该明亮干净，不能太宽敞。明亮干净可使人心神爽快，过于宽敞则费人眼睛。或者在靠近屋檐的地方置放窗下栏杆，或者在从走廊进入室内的地方放置，这些都根据具体地形地势确定。中堂前的庭院也应稍微宽敞些，可以种花木，摆列盆景。夏日去掉北面的门，使山居之所前后贯通，便于通风。庭院的缝隙或角落里浇灌些饭汁米汤，下雨后就会长出苔藓，青翠繁茂，惹人喜爱。围绕台阶可以种满翠云草，当它长势茂盛的时候就会翠绿得像浮在水面一样。房前面的墙要矮一些，有的人会将薜荔草的根埋在墙下，再洒些鱼腥水在墙上用来引导藤蔓向上攀爬。这样虽然显得幽雅别致，却不如白色墙壁好。

山

斋

丈 室

丈室^①宜隆冬寒夜，略仿北地暖房之制，中可置卧榻及禅椅之属。前庭须广，以承日色，留西窗以受斜阳，不必开北牖^②也。

斗室用于隆冬寒夜，形制略像北方的暖房，室内可以放置卧榻以及禅椅之类的东西。斗室前面的庭院要宽广，方便沐浴阳光，开设西面的窗户方便受斜阳照射，北窗就没必要再开设了。

丈

室

❶浸：泛指河泽湖泊，此处应当是指园林中的池沼。 ❷云物：景物、景色。 ❸磬（qìng）折：泛指物体形态曲折如磬。

桥

　　广池巨浸^①，须用文石为桥，雕镂云物^②，极其精工，不可入俗。小溪曲涧，用石子砌者佳，四傍可种绣墩草。板桥须三折，一木为栏，忌平板作朱卍字栏。有以太湖石为之，亦俗。石桥忌三环，板桥忌四方磬折^③，尤忌桥上置亭子。

 译文

　　宽广的水塘池沼，须用有纹理的石头架桥，石桥上雕刻云气或景物，做工必须极其精致，不能流于俗气。小溪或曲折的水沟，用石子砌成小桥为佳，桥的四周可种上绣墩草。板桥要有三折，用一根横木做成栏杆，忌讳用平板做成朱红的卍字栏。有人用太湖石做栏杆，也很俗气。石桥忌讳转折三次，木桥忌讳直角转折，尤其忌讳在桥上设亭子。

桥

茶　寮

　　构一斗室相傍山斋，内设茶具。教一童专主茶役，以供长日清谈，寒宵兀坐①。幽人首务，不可少废者。

　　建造一间小室与山中居室相邻，室内摆设茶具，令一小童专主烹茶一事，用来供应白日清谈、寒夜独坐。这是幽居之士的首要之事，丝毫也不能缺少。

茶寮

琴　室

　　古人有于平屋中埋一缸，缸悬铜钟，以发琴声者。然不如层楼之下，盖上有板，则声不散，下空旷，则声透彻。或于乔松、修竹、岩洞、石室之下，地清境绝，更为雅称耳。

　　古人有在平房地下埋一口大缸的，缸里面悬挂铜钟，以之与琴声产生共鸣，但是并不如在阁楼的底层弹琴，底层上面有木板封闭，琴音就不会消散，而且下面空旷，声音就清澈明亮。或者把琴室设在松树之下、竹林之间、岩洞石屋之内，这些地方清净而不与世俗相接，更与风雅相称。

琴

室

坿，矮墙。

街径　庭除

驰道①广庭，以武康石皮砌者最华整。花间岸侧，以石子砌成，或以碎瓦片斜砌者，雨久生苔，自然古色。宁必金钱作埒②，乃称胜地哉！

庭院中的大路和宽广的庭院，用武康石在地面铺设的最为华丽整洁。花丛间和池塘岸边，用石子铺地，或者用碎瓦片斜着铺砌，雨淋久了会生出苔藓，这样自然而古雅。难道一定要耗费巨资打造才被称为胜地吗？

街径　庭除

楼　阁

楼阁作房闼①者，须回环窈窕；供登眺者，须轩敞宏丽；藏书画者，须爽垲②高深。此其大略也。楼作四面窗者，前槛用窗，后及两傍用板。阁作方样者，四面一式。楼前忌有露台、卷篷，楼板忌用砖铺。盖既名楼阁，必有定式，若复铺砖，与平屋何异？高阁作三层者最俗。楼下柱稍高，上可设平顶。

楼阁若用来作卧室的，须前后环绕，显得幽邃深远；用以登高远眺的，则须宽敞明亮，宏伟壮丽；用来收藏书画的，须保持干燥透风，高大深邃。这是建造楼阁的大概要领。楼阁建成四面开窗的，前面用窗，后面及两旁用板。楼阁建成四方形的，那四面要用一样的样式。楼前忌讳设置露台、卷篷，楼板忌讳用砖铺。既然称之为楼阁，就必然有一定的样式。如果仍要铺砖，那和平房有什么区别呢？楼阁做成三层的最为俗气。楼下的立柱要稍微高些，上面可建成平顶。

楼

阁

台

筑台，忌六角，随地大小为之。若筑于土冈之上，四周用粗木，作朱阑亦雅。

建造台忌讳建成六角形，要根据地面大小来建筑，如果建在土冈之上，四周用粗木做成朱红色的栏杆，也很雅致。

卷

二

花

木

❶帏：帐幕。

❷箔（bó）：帘子。

❸庭除：庭前阶下。

❹石碜（sēng）：柱子下面的石碜。

弄花一岁，看花十日。故帏❶箔❷映蔽，铃索护持，非徒富贵容也。第繁花杂木，宜以亩计。乃若庭除❸槛畔，必以虬枝古干，异种奇名，枝叶扶疏，位置疏密。或水边石际，横偃斜披；或一望成林；或孤枝独秀。草花不可繁杂，随处植之，取其四时不断，皆入图画。又如桃、李不可植于庭除，似宜远望；红梅、绛桃，俱借以点缀林中，不宜多植。梅生山中，有苔藓者，移置药栏，最古。杏花差不耐久，开时多值风雨，仅可作片时玩。蜡梅冬月最不可少。他如豆棚、菜圃，山家风味，固自不恶，然必辟隙地数顷，别为一区；若于庭除种植，便非韵事。更有石碜❹木柱，架缚精整者，愈入恶道。至于艺兰栽菊，古各有方。时取以课园丁，考职事，亦幽人之务也。志《花木第二》。

养花一载，赏花十日。所以用帷幕、帘子遮蔽日光，用金铃绳索来护持，并不仅仅只是为了花开时的富贵容貌。种植繁花杂木，应该用亩来计算。至于庭院前的阶梯下面，栏槛旁边，必然是放置盘曲的树枝、有古意的树干，品种奇异，名字奇特，枝叶繁茂，放的位置疏密有致。要么在水边石头附近，横卧和斜放；要么乍一看仿如树林；要么一枝独秀。草木花卉不能种得太繁杂，可以随处种植，使四季花开花落之景不断，都可以绘入图画。又如桃树和李树，不能种于庭前阶下，似乎只宜远观；红梅、绛桃，都

是用来点缀树林的，不适合种植太多。梅花生于山中，将其中长有苔藓的移植到花栏，最有古意。杏花花期不长，开花之时恰逢风雨时节，仅可作短时间的观赏。蜡梅在冬季最不能缺少。其他的如豆棚、菜圃，具有山野人家的风味，自然也不差，但一定要单独开辟数顷空地来种植，使其自成一区。如果在庭院里种植，就有失风雅了。更有甚者有用石磴、木柱，人为造型搭架绑缚的，更加恶俗不堪了。至于种植兰草、栽培菊花，古时候都有相应的方法。现今用来教授园丁，考核技艺，也是幽居之士的事情了。记《花木第二》。

牡丹　芍药

牡丹称花王，芍药称花相，俱花中贵裔，栽植赏玩，不可毫涉酸气。用文石为栏，参差数级，以次列种。花时设宴，用木为架，张碧油幔于上，以蔽日色，夜则悬灯以照。忌二种并列，忌置木桶及盆盎^②中。

牡丹被称为花王，芍药被称为花相，两者都是花中贵族，栽种观赏把玩，不能表现出丝毫的寒酸气。用纹石为杆，参差排列，依顺序来种植。花开时节设展，用木做架，罩上绿色的帷幔，用来遮蔽阳光，夜晚则悬挂灯烛照明。忌将牡丹与芍药同排并列，也忌将二者放置在木桶和盆盎当中。

牡丹　芍药

玉 兰

宜种厅事前。对列数株，花时如玉圃琼林^②，最称绝胜。别有一种紫者，名木笔，不堪与玉兰作婢，古人称辛夷，即此花。然辋川辛夷坞、木兰柴^③不应复名，当是二种。

译文

玉兰适合种植在厅堂前。两边相对排列数株，花开之时好似玉圃琼林，一片洁白，堪称绝妙胜景。另外有一种紫色的玉兰，名为木笔，不堪做玉兰的奴婢，古人称为辛夷的，就是此花。然而，王维辋川别业中的辛夷坞和木兰柴里种植的应该不是木笔的同种异名花，而就是两种不同的品种。

① 厅事：本指官府问案的厅堂，后指私人住宅的堂屋。② 玉圃琼林：指花开时一片白色。③ 辋川辛夷坞、木兰柴：辋川，王维别业。辛夷坞、木兰柴，皆为辋川别业中的景色。

玉
兰

海 棠

　　昌州海棠有香，今不可得；其次西府为上，贴梗次之，垂丝又次之。余以垂丝娇媚，真如妃子醉态，较二种尤胜。木瓜花似海棠，故亦称木瓜海棠。但木瓜花在叶先，海棠花在叶后，为差别耳。别有一种曰"秋海棠"，性喜阴湿，宜种背阴阶砌，秋花中此为最艳，亦宜多植。

　　昌州海棠有香气，但至今已无处寻觅；其次西府海棠可为上品，再次是贴梗海棠，垂丝海棠又次之。我认为垂丝海棠娇艳妩媚，真有如贵妃醉酒般的姿态，较西府海棠和贴梗海棠更美丽。木瓜花类似海棠，所以也称"木瓜海棠"。但木瓜是先开花后长叶，海棠则是先长叶后开花，这是两者的差别所在。另有一种叫"秋海棠"的，生性喜欢阴凉潮湿之地，适合种在台阶下的背阴处，秋天所开的花卉中，这种是最鲜艳的，也适合多种植。

海棠

山 茶

蜀茶、滇茶俱贵，黄者尤不易得。人家多以配玉兰，以其花同时，而红白烂然，差俗。又有一种名醉杨妃，开白雪中，更自可爱。

 译文

川茶花、滇茶花都很名贵，黄色的尤其不易得到。寻常人家喜用山茶花搭配玉兰种植，因为二者的花期同时，花开之时，红白相间，色彩绚丽，但却有些俗气。还有一种名为"醉杨妃"的山茶花，在下雪时节开放，更加让人喜爱。

山

茶

桃

桃为仙木，能制百鬼，种之成林，如入武陵桃源，亦自有致，第非盆盎及庭除物。桃性早实，十年辄枯，故称"短命花"。碧桃、人面桃差之，较凡桃更美，池边宜多植。若桃柳相间便俗。

译文

桃树是仙木，能镇压百鬼，种植成林，仿佛进入了武陵桃花源，也自有一番风致，但不适宜种植于盆盎和庭前阶下。桃树的特性是结果较早，但十年生命就到尽头了，所以被称为"短命花"。碧桃、人面桃成熟稍晚些，但比一般的桃花更美丽，池塘边适合多种。如果把桃树和柳树夹杂相间种植，就显得俗气了。

桃

李

桃花如丽姝，歌舞场中，定不可少。李如女道士，宜置烟霞泉石间，但不必多种耳。别有一种名郁李子，更美。

译文

桃花如美女，歌舞场中必不可少。李花如女道士，宜种在水汽萦绕的泉流山石之间，但不必多种。还有一种叫"郁李子"的，更美。

李

杏

　　杏与朱李、蟠桃皆堪鼎足，花亦柔媚。宜筑一台，杂植数十本。

　　杏树与朱李、蟠桃堪称三足鼎立，杏花也很柔媚。适合建一个小台，把这三种树混合种个十几株。

杏

梅

❶ 专房：专宠。

❷ 苔护藓封：指梅树上寄生的地衣、苔藓类植物。

幽人花伴，梅实专房^①。取苔护藓封^②，枝稍古者，移植石岩或庭际，最古。另种数亩，花时坐卧其中，令神骨俱清。绿萼更胜，红梅差俗。更有虬枝屈曲，置盆盎中者，极奇。蜡梅磬口为上，荷花次之，九英最下，寒月庭际，亦不可无。

 译文

幽居之人以花为伴，梅花最得专宠。取附有苔藓、枝干稍有年代的梅树移植到岩石或庭院之间，最为古雅。此外种植数亩，花开时节在其中或坐或卧，令人神骨觉得清爽。绿萼梅更好一些，红梅稍显俗气，另有枝干盘曲，种植在盆盎中的，特别奇丽。蜡梅以磬口梅为上品，荷花梅稍逊，九英梅最次，但是寒冬腊月的庭院里也不能没有。

梅

蔷薇 木香

尝见人家园林中，必以竹为屏，牵五色蔷薇于上，架木为轩，名"木香棚"。花时杂坐其下，此何异酒食肆中？然二种非屏架不堪植，或移著闺阁，供仕女采撷，差可。别有一种名"黄蔷薇"，最贵，花亦烂漫悦目。更有野外丛生者，名"野蔷薇"，香更浓郁，可比玫瑰。他如宝相、金沙罗、金钵盂、佛见笑、七姊妹、十姊妹、刺桐、月桂等花，姿态相似，种法亦同。

　　曾经看到人家园林里，必是用竹编的篱笆，牵引五色蔷薇到篱笆架上。用木头搭建亭子，名为"木香棚"。花开时节，众人杂坐在花下，这与在酒楼饭馆有什么区别呢？但这两种花卉不依附篱笆、棚架就不能种植，有人移栽于闺阁之中，供女子采摘，勉强可以。另有一种叫"黄蔷薇"的，最为珍贵，花也烂漫多姿，令人悦目。更有野外丛生的，叫"野蔷薇"，香味更浓郁，可与玫瑰相比。其他像宝相、金沙罗、金钵盂、佛见笑、七姊妹、十姊妹、刺桐、月桂等花，姿态相似，种法也相同。

薔薇　木香

玫　瑰

　　玫瑰一名"徘徊花"，以结为香囊，芬氲①不绝，然实非幽人所宜佩。嫩条丛刺，不甚雅观，花色亦微俗，宜充食品，不宜簪带。吴中有以亩计者，花时获利甚夥②。

　　玫瑰，又叫"徘徊花"，用来做香囊，香气不绝，但其实并不适合雅士佩戴。玫瑰枝条柔嫩，丛生多刺，不甚雅观，花色也稍显俗气，适合充作食品，不宜佩戴。吴中有种植数亩的，花开时节获利颇丰。

玫

瑰

葵　花

　　葵花种类莫定，初夏，花繁叶茂，最为可观。一曰"戎葵"，奇态百出，宜种旷处；一曰"锦葵"，其小如钱，文采可玩，宜种阶除；一曰"向日"，别名"西番葵"，最恶。秋时一种，叶如龙爪，花作鹅黄者，名"秋葵"，最佳。

　　葵花的种类不能确定，初夏时花繁叶茂，最具观赏性。一种叫"戎葵"，千姿百态，适合种在开阔空旷的地方；一种叫"锦葵"，小如铜钱，色彩缤纷，可供观赏把玩，适宜种在庭前阶下；一种叫"向日"，别名"西番莲"，最差。秋天有一种，叶子像龙爪，花开是鹅黄色的，名叫"秋葵"，是最好的。

葵花

芙 蓉

宜植池岸，临水为佳；若他处植之，绝无丰致。有以靛纸蘸花蕊上，仍裹其尖，花开碧色，以为佳，此甚无谓。

译文

芙蓉适合种植在池塘岸边，临水种植最好，如果在其他地方种植，绝不会有这样的神韵风致。有人用靛水染成的纸蘸在花蕊上，还裹住花尖，这样花开的时候就呈碧蓝色，以为好看，此举毫无意义。

芙

蓉

萱　花

　　萱草忘忧，亦名"宜男"，更可供食品。岩间墙角，最宜此种。又有金萱，色淡黄，香甚烈，义兴山谷遍满，吴中甚少。他如紫白蛱蝶、春罗、秋罗、鹿葱、洛阳、石竹，皆此花之附庸也。

　　萱草叫忘忧，也叫"宜男"，更可以用作食品，岩石之间，墙脚之下，最适合种植。又有金萱，花开的时候呈淡黄色，香气浓郁，江苏义兴一带漫山遍野都是，吴中比较少见。其他如紫白蛱蝶、剪春罗、剪秋罗、鹿葱、洛阳花、石竹，都是这种花的附庸。

萱

花

薝 蔔

一名"越桃"，一名"林兰"，俗名"栀子"，古称"禅友"，出自西域，宜种佛室中。其花不宜近嗅，有微细虫入人鼻孔，斋阁可无种也。

薝蔔一名"越桃"，又有一名叫"林兰"，俗名"栀子"，古人称为"禅友"，原产自西域，适合种在供佛的房室中。这种花不宜靠近闻，会有小虫子钻入鼻孔，书房、内室中不可种植。

蘦蕳

玉　簪

　　洁白如玉，有微香，秋花中亦不恶。但宜墙边连种一带，花时一望成雪。若植盆石中，最俗。紫者名"紫萼"，不佳。

　　玉簪花洁白如玉，有微香，在秋季的花卉中也算不错的。只适合沿着墙边连着栽种，花开时，一眼望去像一片白雪。如果在盆中栽种，最是俗气。紫色的玉簪叫"紫萼"，不好。

玉簪

藕　花

藕花池塘最胜，或种五色官缸①，供庭除赏玩犹可。缸上忌设小朱栏。花亦当取异种，如并头、重台、品字、四面观音、碧莲、金边等乃佳。白者藕胜，红者房②胜。不可种七石酒缸及花缸③内。

译文

荷花种于池塘最好，或者养在五色官窑瓷缸中，作为庭院赏玩也可以。缸上忌设朱红色的小栏杆。花也应该选取奇异的品种，如并蒂、重台、品字、四面观音、碧莲、金边等才好。白色的荷花莲藕好，红色的荷花花托大。不可把荷花种在贮酒七石的缸和瓦缸里面。

❶官缸：官窑所制的瓷缸。 ❷房：此指花托。 ❸花缸：瓦缸。

藕

花

水　仙

　　水仙二种，花高叶短，单瓣者佳。冬月宜多植，但其性不耐寒，取极佳者移盆盎，置几案间。次者杂植松竹之下，或古梅奇石间，更雅。冯夷①服花八石，得为水仙，其名最雅，六朝人乃呼为"雅蒜"，大可轩渠②。

　　水仙有两种，花高叶短的单瓣水仙最好。冬季适合多种，但水仙性不耐寒，可选取特别好的移入盆中，放置在几案上。品相较次的可夹杂种于松树竹林之下，或者种于古梅怪石之间，更显雅致。相传黄河水神冯夷服用了八石这种花，因此成为水仙，这个名字最为雅致，六朝人却呼水仙为"雅蒜"，颇为可笑。

水仙

茉莉　素馨　夜合

夏夜最宜多置，风轮①一鼓，满室清芬，章江②编篱插棘③，俱用茉莉。花时，千艘俱集虎邱，故花市初夏最盛。培养得法，亦能隔岁发花，第枝叶非几案物，不若夜合，可供瓶玩。

夏天的夜晚里最适合多放些茉莉，风轮一吹，满室清香。赣水一带编篱笆都用茉莉花的枝条。茉莉花开的时节，很多船只聚集在虎丘，因此虎丘的花市在初夏最繁盛。茉莉如果培育得当，还能来年开花，但其枝叶不适合陈放在几案上，不像夜合，可以放在瓶里观赏。

❶ 风轮：古代夏天取凉用的机械装置。❷ 章江：即赣水。❸ 编篱插棘：用有刺植物的枝条做篱笆。

〇六六

茉莉　素馨　夜合

杜　鹃

花极烂漫，性喜阴畏热，宜置树下阴处。花时，移置几案间。别有一种名"映山红"，宜种石岩之上，又名"山踯躅"。

杜鹃花极其绚丽烂漫，其生性喜阴凉怕炎热，适宜置放于树下阴凉处。花开时，移放到室内几案之上。另有一个品种叫"映山红"的，适宜种植在岩石上，它又叫"山踯躅"。

杜

鹃

秋　色

　　吴中称鸡冠、雁来红、十样锦之属,名"秋色"。秋深,杂彩烂然,俱堪点缀。然仅可植广庭,若幽窗多种,便觉芜杂。鸡冠有矮脚者,种亦奇。

　　吴中称鸡冠、雁来红、十样锦这一类的花为"秋色"。深秋时节,这些花卉色彩斑斓,都可用来作点缀之物。但只能种在宽阔的庭院中,如果在幽静的窗下多种,便会觉得芜杂。鸡冠有一种比较矮小的,品种也很奇特。

秋

色

松

松、柏古虽并称，然最高贵者，必以松为首。天目最上，然不易种。取栝子松植堂前广庭，或广台之上，不妨对偶。斋中宜植一株，下用文石为台，或太湖石为栏俱可。水仙、兰蕙、萱草之属，杂莳①其下。山松宜植土冈之上，龙鳞②既成，涛声相应，何减五株九里③哉？

松、柏自古以来虽然并称，但最高贵的，一定是以松为首位。天目山的松树为最上等，但不易种植。把栝子松种在堂前庭院，或者广阔的亭台上，不妨对偶种植。书房屋舍中也可种一株，下面用有纹理的石头砌成台子，或者用太湖石做栏杆，都可以。水仙、兰蕙、萱草一类的，夹杂种在松树下。山松适宜种于土坡山冈之上，松树长成后，风吹时便如涛声前后相应，哪里比不上五株、九里呢？

① 莳（shì）：种植。② 龙鳞：松树皮像龙鳞，此指松树。③ 五株九里：与松有关的两个故事。五株，秦始皇上泰山，曾于树下躲雨，后封此树为「五大夫」。九里，指西湖九里松。

〇
七
二

松

桂

　　丛桂开时，真称"香窟❶"，宜辟地二亩，取各种并植，结亭其中，不得颜以"天香""小山"等语，更勿以他树杂之。树下地平如掌，洁不容唾，花落地，即取以充食品。

 译文

　　成片的桂树开花时，真称得上是"香窟"，应该开出两亩地，选取不同品种的桂花一并种植，在树丛里面建一亭子，不要用"天香""小山"这类的名字，更不要将其他树杂种其间。树下的土地要像手掌一样平整，洁净得不容唾液溅落，桂花落到地上，就可用作食品。

桂

柳

顺插为杨，倒插为柳，更须临池种之。柔条拂水，弄绿搓黄，大有逸致。且其种不生虫，更可贵也。西湖柳亦佳，颇涉脂粉气。白杨、风杨，俱不入品。

枝叶向上的是蒲柳，下垂的是垂柳，柳树最好是靠近池塘种植。柔软的枝条轻拂水面，绿、黄二色的叶子相互映衬，颇显闲情逸致。而且柳树不生虫，这一点更是可贵。西湖柳也很好，但是颇有脂粉气。白杨、风杨，都不入品。

柳

黄　杨

　　黄杨未必厄闰^①，然实难长。长丈余者，绿叶古株，最可爱玩，不宜植盆盎中。

　　黄杨不一定遇到闰年就难以长大，但确实很难长高。一丈多的，绿色的枝叶，显出古雅韵味的枝干，最值得观赏把玩，不适合种在盆盎中。

黄

杨

芭 蕉

绿窗分映，但取短者为佳，盖高则叶为风所碎耳。冬月有去梗以稻草覆之者，过三年，即生花结甘露，亦甚不必。又有作盆玩者，更可笑。不如棕榈为雅，且为麈尾蒲团，更适用也。

 译文

芭蕉种植于窗下，绿叶与窗户相互映衬，但以矮小的为佳，因为芭蕉如果太高，那么叶子容易被风刮碎。冬天有人去掉它的梗茎，用稻草将树覆盖起来，三年后，就会长出花苞并含有甘露，这也没太大必要。还有将芭蕉制成盆景的，更加可笑。芭蕉不如棕榈雅致，并且做麈尾、蒲团，更为合适。

芭

蕉

槐　榆

宜植门庭，板扉绿映，真如翠幄^①。槐有一种天然樛屈，枝叶皆倒垂蒙密，名"盘槐"，亦可观。他如石楠、冬青、杉、柏，皆丘垄间物，非园林所尚也。

槐树和榆树适合种植在门庭处，门户与绿叶交相掩映，犹如翠绿色的帐幔。槐树有一个品种，树枝天然向下弯曲，叶子也都倒垂茂密，名叫"盘槐"，也颇为值得观赏。其他的树，像石楠、冬青、杉树、柏树，都是荒地上的杂树，不适合园林种植。

槐

榆

梧 桐

　　青桐有佳荫，株绿如翠玉，宜种广庭中，当日令人洗拭，且取枝梗如画者，若直上而旁无他枝，如拳如盖，及生棉者，皆所不取。其子亦可点茶❶。生于山冈者曰"冈桐"，子可作油。

　　梧桐能有特别好的树荫，其枝叶碧绿如翠玉，适合种植在宽广的庭院里面，种树当天让人清洗擦拭，选取枝干如画般优美的，如果枝干直上而没有旁边的枝丫、枝叶，像拳头或像伞盖的，以及生出飞絮的，都不在选取之列。梧桐的种子可以用来沏茶，生长在山冈上的称"冈桐"，桐子可以用来榨油。

梧

桐

〇八五

竹

　　种竹宜筑土为垄①，环水为溪，小桥斜渡，陟级而登，上留平台，以供坐卧，科头散发，俨如万竹林中人也。否则辟地数亩，尽去杂树，四周石垒令稍高，以石柱、朱栏围之，竹下不留纤尘片叶，可席地而坐，或留石台、石凳之属。竹取长枝巨干，以毛竹为第一，然宜山不宜城。城中则护基笋最佳，余不甚雅。粉、筋、斑、紫②四种俱可，燕竹最下。慈姥竹即桃枝竹，不入品。又有木竹、黄菰竹、箬竹、方竹、黄金间碧玉、观音、凤尾、金银诸竹。

　　忌种花栏之上及庭中平植，一带墙头，直立数竿。至如小竹丛生，曰"潇湘竹"，宜于石岩小池之畔，留植数枝，亦有幽致。

　　种竹有"疏种""密种""浅种""深种"之法。疏种谓："三四尺地方种一窠③，欲其土虚行鞭。"密种谓："竹种虽疏，然每窠却种四五竿，欲其根密。"浅种谓："种时入土不深。"深种谓："入土虽不深，上以田泥壅之。"如法，无不茂盛。

　　又棕竹三等：曰筋头，曰短柄，二种枝短叶垂，堪植盆盎；曰朴竹，节稀叶硬，全欠温雅，但可作扇骨料及画义柄耳。

① 垄：指田地分界处高起的埂子。

② 粉、筋、斑、紫：四种竹子。

③ 窠：同「棵」，量词。

译文

　　种竹子适合在用土垒积的埂子上，四面环水作为溪流，修一小桥斜跨在溪水之上，可逐级登高，埂子上留一个平台供人坐卧，披头散发，俨然像置身于万丛竹林中的

竹

人。如若不然，也可辟出几亩地，将杂树除尽，四周用石头垒砌得稍微高些，用石柱、朱栏围起来，竹子下面不留一点尘埃和叶子，可以席地而坐，或者留置一些石台、石凳类的东西。竹子选取枝长干粗的，毛竹当为首选，但毛竹适合山野却不适合城中栽种；城里当种护基笋最好，其余的都不太雅致。粉竹、筋竹、斑竹、紫竹，四种都行，燕竹最差。慈姥竹也就是桃枝竹，入不得品。此外又有木竹、黄菰竹、箬竹、方竹、黄金间碧玉、观音、凤尾、金银竹等品种的竹子。

竹子忌讳种在花栏之上，以及庭院平地中，可在墙头边沿连种树株。至于丛生的小竹，叫"潇湘竹"，适合在岩石或小池塘旁边，栽植几株，也很幽雅别致。

种竹有疏种、密种、浅种、深种四种方法。疏种即"每隔三四尺种一棵，空出地方让竹根延伸"；密种即"虽然种得稀疏，但每窠种有四五株，使其根部紧密"；浅种即"种植时入土不深"；深种即"入土虽然不深，但上面用泥土培植"。按这样的方法，竹子没有不长得茂盛的。

还有棕竹分为三等：筋头和短柄，这两种竹子枝干短小，枝叶下垂，可植于盆中；另有一种叫朴竹，竹节稀少，竹叶较硬，完全没有温雅之态，但可以用作扇骨的材料和画轴柄。

乌臼

秋晚，叶红可爱，较枫树更耐久，茂林中有一株两株，不减石径寒山也。

译文

深秋时节的乌桕树，叶子是红色的，惹人怜爱，比枫树更晚一些才凋谢，茂密的树林中有一两株乌桕树，不亚于杜牧《山行》中的景色。

① 荡口：无锡古镇名。
② 旸：晴朗。

菊

　　吴中菊盛时，好事家必取数百本，五色相间，高下次列，以供赏玩，此以夸富贵客则可，若真能赏花者，必觅异种，用古盆盆植一枝两枝，茎挺而秀，叶密而肥，至花发时，置几榻间，坐卧把玩，乃为得花之性情。甘菊惟荡口①有一种，枝曲如偃盖，花密如铺锦者，最奇，余仅可收花以供服食。野菊宜著篱落间。菊有六要二防之法：谓胎养、土宜、扶植、雨旸②、修葺、灌溉，防虫，及雀作窠时必来摘叶，此皆园丁所宜知，又非吾辈事也。至如瓦料盆及合两瓦为盆者，不如无花为愈矣。

 译文

　　吴中菊花盛开时，好事之人一定会选取数百株，多种颜色相间置放，以高低为序排列，供人游赏观玩，这用来夸耀富贵尚可。如果是真懂花的人，一定会寻觅特别的品种，用古雅的盆盎种一株两株，茎干挺拔秀丽，枝叶茂密而肥大，等到开花时，放在几案卧榻上，坐卧把玩，这才算是领会到了菊花的秉性。甘菊只有无锡荡口镇的这一种，枝干弯曲像伞盖，花朵密集如锦缎铺陈，最为奇异，其余的甘菊只能采摘花朵以供服食饮用。野菊适合种植在篱笆边。种菊有六要、二防之法：育苗培养、土壤适宜、扶持栽培、阳光雨露、修剪枝叶、灌溉，防虫，以及防止雀鸟做窝时来衔枝叶，这些都是园丁应该了解的，而不是

菊

我等要做的事。至于像用瓦料做盆以及把两块瓦合拢做花盆的，
还不如不养花为好。

兰

兰出自闽中者为上，叶如剑芒，花高于叶，《离骚》所谓"秋兰兮青青，绿叶兮紫茎"者是也。次则赣州者亦佳，此俱山斋所不可少，然每处仅可置一盆，多则类虎丘花市。盆盎须觅旧龙泉、均州、内府、供春绝大者，忌用花缸、牛腿诸俗制。

四时培植，春日叶芽已发，盆土已肥，不可沃肥水，常以尘帚拂拭其叶，勿令尘垢。夏日花开叶嫩，勿以手摇动，待其长茂，然后拂拭。秋则微拨开根土，以米泔水少许注根下，勿渍污叶上。冬则安顿向阳暖室，天晴无风异出^①，时时以盆转动，四面令匀，午后即收入，勿令霜雪侵之。若叶黑无花，则阴多故也。

治蚁虱，惟以大盆或缸盛水，浸逼花盆，则蚁自去。又治叶虱如白点，以水一盆，滴香油少许于内，用棉蘸水拂拭，亦自去矣。此艺兰简便法也。又有一种出杭州者，曰"杭兰"；出阳羡山中者，名"兴兰"；一干数花者，曰"蕙"。此皆可移植石岩之下，须得彼中原土，则岁岁发花。珍珠、风兰，俱不入品。箸兰，其叶如箸，似兰无馨，草花奇种。金粟兰名"赛兰"，香特甚。

兰花当以出自福建的为上品，兰叶如剑刃，花高于叶，《离骚》所谓"秋兰兮青青，绿叶兮紫茎"，说的就是这种兰花。其次，赣州的兰花也很好，这种兰花是山中居室不可缺少的，但每处只可植一盆，多了就像虎丘的花市。

兰

盆盎要寻觅以前龙泉、均州、内府、供春等名窑出产的最大号，忌讳使用花缸、牛腿缸这类俗气的花盆。

四季培育，春天兰花发芽后，花盆中的土已很肥沃，不能再施肥水，经常以尘帚擦拭叶子，不要让它沾染尘垢。夏季花开的时候叶子娇嫩，不要用手摇动，等到花繁叶茂时，然后再擦拭灰尘。秋天则轻轻松开根部泥土，将些许淘米水浇灌根下，不要溅洒到叶子上。冬天就把兰花安放到向阳的暖室里，天晴无风的时候搬到室外，常常转动花盆，让它四面均匀接受光照，午后即搬回屋内，不让霜雪冻伤它。如果叶子发黑不开花，是常处阴冷环境导致的。

治理兰花上的蚂蚁和虱子，只能用大盆或缸盛水，把花盆浸泡其中，那蚂蚁会自然离去。治疗像白点一样的叶虱，端一盆水，滴一点儿香油在里面，用棉布蘸水擦拭，叶虱也会自己跑走。这些都是种植兰花的简便方法。有一种出自杭州的叫"杭兰"；出自阳羡山中的名叫"兴兰"；一株开数朵花的叫"蕙"，这些都可以移植到岩石之下，只须使用它们原生的土壤，就会年年开花。珍珠、风兰，都是些不入流的品种。箬兰的叶子像竹笋，像兰花而无馨香，是草花中奇特的品种。金粟兰名"赛兰"，香气特别浓郁。

椿

椿树高耸而枝叶疏,与樗不异,香曰"椿",臭曰"樗"。圃中沿墙宜多植以供食。

 译文

椿树树干高耸而枝叶疏朗,与樗树一样,气味香的叫"椿树",臭的叫"樗树"。园圃中沿着围墙的部分可以多种一些以供食用。

瓶 花^①

　　堂供^②必高瓶大枝，方快人意。忌繁杂如缚，忌花瘦于瓶，忌香、烟、灯煤熏触，忌油手拈弄，忌井水贮瓶，味咸不宜于花，忌以插花水入口，梅花、秋海棠二种，其毒尤甚。冬月入硫黄于瓶中，则不冻。

　　房屋正厅陈列的瓶花必然要选用高瓶大枝，才能使人满意。忌讳瓶花太过繁杂，显得花放在瓶中像被绑起来一样；忌讳花干比瓶身瘦小；忌讳香、烟、灯火熏染碰触；忌讳用有油污的手抚弄；忌讳瓶里装井水，井水味道咸，不适合插花；忌讳将插花瓶里的水误入口中，梅花、秋海棠两种花毒性尤其大。冬天在花瓶中加入硫黄，水就不会结冰。

瓶花

盆　玩

　　盆玩，时尚以列几案间者为第一，列庭榭中者次之，余持论则反是。最古者以天目松为第一，高不过二尺，短不过尺许，其本如臂，其针若簇，结为马远之"欹斜诘屈"，郭熙之"露顶张拳"，刘松年之"偃亚层迭"，盛子昭之"拖拽轩翥"等状，栽以佳器，槎牙^①可观。又有古梅，苍藓鳞皴，苔须垂满，含花吐叶，历久不败者，亦古。若如时尚作沉香片者，甚无谓。盖木片生花，有何趣味？真所谓以"耳食"^②者矣。

　　又有枸杞及水冬青、野榆、桧柏之属，根若龙蛇，不露束缚锯截痕者，俱高品也。其次则闽之水竹，杭之虎刺，尚在雅俗间。乃若菖蒲九节，神仙所珍，见石则细，见土则粗，极难培养。吴人洗根浇水，竹翦修净，谓朝取叶间垂露，可以润眼，意极珍之。余谓此宜以石子铺一小庭，遍种其上，雨过青翠，自然生香。若盆中栽植，列几案间，殊为无谓，此与蟠桃、双果之类，俱未敢随俗作好也。他如春之兰蕙，夏之夜合、黄香萱、夹竹桃花，秋之黄密矮菊，冬之短叶水仙及美人蕉诸种，俱可随时供玩。

　　盆以青绿古铜、白定、官哥等窑为第一，新制者五色内窑及供春粗料可用，余不入品。盆宜圆，不宜方，尤忌长狭。石以灵璧、英石、西山佐之，余亦不入品。斋中亦仅可置一二盆，不可多列。小者忌架于朱几，大者忌置于官砖，得旧石凳或古石莲礓^③为座，乃佳。

❶ 槎牙：形容错落不齐的样子。

❷ 耳食：仅以耳闻便相信。

❸ 石莲礓：雕有莲花的石礅。

译文

　　盆景，当今时人以陈列在几案之上的为第一，陈列

在庭院楼榭中的次之，我的观点正与此相反。最古雅的当以天
目松为第一，高的不超过二尺，矮的也只有一尺多，松树的枝
干像手臂，松针像丛集起来一样，像画家马远画中的"倾斜弯曲"，
郭熙画中的"露顶张拳"，刘松年画中的"覆压下垂，层层重
叠"，盛子昭画中的"既拖拽又飞举"等形状，用上等盆盎栽种，
参差错落，颇具观赏性。此外有古梅盆景，青绿的苔藓像龙鳞
一样皴皱，覆满树干，梅花开枝长叶，经久不谢的，也很古雅。

如果像时下流行的那样做些沉香片，没什么意思。木片生花，有何趣味可言？这不过是别人说什么就信什么了。

　　还有枸杞及水冬青、野榆、桧柏这一类的盆景，树根如龙蛇盘曲，没有露出束缚捆绑、锯断截枝痕迹的，都是上品。其次，福建的水竹、杭州的虎刺，尚在雅俗之间。至于九节菖蒲，神仙所珍视，栽在石块间会变细，栽在土里又会变粗，非常不好培护。吴人给盆景洗根浇水，将枝丫修剪干净，认为早上取叶子间的晨露可以润眼，非常珍贵。我认为这应该用石子铺设一个小庭院，将菖蒲遍植其上，雨后枝叶青翠，自然生香，若只是种植在盆盎中，陈列在几案上，非常无趣，它与蟠桃、双果一类的，我都不能跟着世俗认为的那样以为好。其他的像春天的兰蕙，夏天的夜合、黄香萱、夹竹桃花，秋天的黄密矮菊，冬天的短叶水仙及美人蕉等，都可随时把玩。

　　花盆以青绿古铜、白色定窑瓷、官窑与哥窑等窑所产的瓷器为首选，新产的五彩官窑瓷器及供春产的粗料两种可用，其余的都不入品。花盆宜圆不宜方，尤其忌讳狭长。盆中的石头可用灵璧、英石、西山这类的石块点缀，其他的也都不入品。居室内也只可放置一两盆而已，不可多放。小的盆景忌讳放置在朱红色的几案上，大盆景忌讳放置在官窑砖上，找到旧石凳或古旧的莲花石磴为座，那才是好的。

银　杏

银杏株叶扶疏，新绿时最可爱。吴中刹宇及旧家名园，大有合抱者，新植似不必。

　　银杏枝叶扶疏，新叶初生呈浅绿色时最为可爱。吴中一带的古寺、古塔，以及旧时大家名园里，多有长成合抱之木的银杏古树，新植的似是没有必要。

卷三　水石

① 千寻：形容极高或极长。 ② 角立：特出、独立。

　　石令人古，水令人远，园林水石，最不可无。要须回环峭拔，安插得宜。一峰则太华千寻①，一勺则江湖万里。又须修竹、老木、怪藤、丑树交覆角立②，苍崖碧涧，奔泉汛流，如入深岩绝壑之中，乃为名区胜地。约略其名，匪一端矣。志《水石第三》。

　　石令人有怀古之思，水让人有宁静致远之感，园林之中，水、石最不能缺少。水、石的布局，须往复回环、峭立挺拔，两者的放置在布局中合适才行。造一假山要有华山壁立千寻的险峻，布一流水要有江湖烟波浩渺之感。还须修竹、老木、怪藤、丑树交相掩映，卓然而立，苍崖绿水，飞泉激流，就像进入到深山险壑之中，才能称之为名区胜地。这只是约略举其概要，并非只有这一端而已。记《水石第三》。

瀑　布

　　山居引泉，从高而下，为瀑布稍易，园林中欲作此，须截竹长短不一，尽承檐溜^①，暗接藏石罅^②中，以斧劈石垒高，下凿小池承水，置石林立其下，雨中能令飞泉溃薄，潺湲有声，亦一奇也。尤宜竹间松下，青葱掩映，更自可观。亦有蓄水于山顶，客至去闸，水从空直注者，终不如雨中承溜为雅，盖总属人为，此尤近自然耳。

　　如在山中居住，牵引泉水从高往下形成瀑布比较容易，在园林中想这样做，就须截取长短不一的竹子，承接屋檐沟边流下的水，隐蔽地引流藏到岩石缝隙中，再用斧劈石层层垒高，在下面开凿小池接住从石缝中流出的水，放置一些石头在池子底，下雨的时候能看飞泉激荡，听潺潺水声，也是一大奇景。瀑布尤其适合设在竹林间或松树下，青翠交相掩映，更为可观。也有人在假山顶蓄水，客人来的时候打开水闸，水从高空直流而下，但终究不如在雨中接屋檐的流水更雅致，因为山顶蓄水终归属于人为，而接雨作泉还算接近自然。

瀑

布

天　泉

　　秋水①为上，梅水次之。秋水白而冽，梅水白而甘。春冬二水，春胜于冬。盖以和风甘雨，故夏月暴雨不宜，或因风雷蛟龙所致，最足伤人。雪为五谷之精，取以煎茶，最为幽况，然新者有土气，稍陈乃佳。承水用布，于中庭受之，不可用檐溜。

译文

　　天上降的水，以秋天的雨水为佳，梅雨时节的次之。秋天的雨白净而清冽，梅雨季的雨白净而有甜味。春冬季的水，春天要胜于冬天，因为春季风和雨润，也因如此，夏季的暴雨不适合饮用，或有人说是因为蛟龙翻云覆雨导致的，最是容易伤人。雪为五谷之精华，用来煎茶，最为幽凉清冽，但新降的雪有土腥气，稍微放置一段时间才好喝。接雨水要用布，在庭院中间接而不能取屋檐沟边流下的。

天 泉

地　泉

乳泉^①漫流如惠山泉为最胜，次取清寒者。泉不难于清，而难于寒。土多沙腻泥凝者，必不清寒。又有香而甘者。然甘易而香难，未有香而不甘者也。瀑涌湍急者勿食，食久令人有头疾。如庐山水帘、天台瀑布，以供耳目则可，入水品则不宜。温泉下生硫黄，亦非食品。

地下涌出的甘美而清冽的泉水，像惠山泉那样的最好，其次是水质清凉的。找清澈的泉水不难，难的是找到清冽的泉水。水中土块多、沙子堆积、泥土结块的，泉水必不会清凉。还有清香而甘甜的泉水，但甘甜容易清香难，没有泉水清香而不甘甜的。水势湍急的泉水不能饮用，喝久了会让人头疼。如庐山水帘、天台瀑布，供人观看或听水声还行，拿来饮用就不行啦。温泉水中富含硫黄，也不能作为饮用水。

地

泉

丹　泉

　　名山大川，仙翁修炼之处。水中有丹，其味异常，能延年却病，此自然之丹液，不易得也。

　　丹泉在名山大川，仙翁修炼的地方，水中有丹药，味道特别，喝了能延年祛病，这是天然的丹液，不易得到。

丹泉

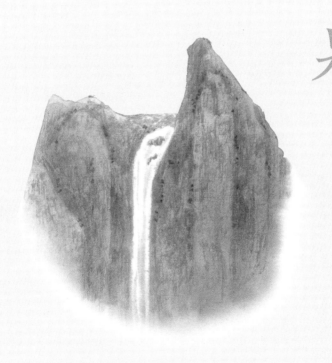

品 石

石以灵璧为上，英石次之，二种品甚贵，购之颇艰，大者尤不易得，高逾数尺者，便属奇品。小者可置几案间，色如漆，声如玉者最佳。横石以蜡地①而峰峦峭拔者为上，俗言"灵璧无峰""英石无坡"，以余所见，亦不尽然。他石纹片粗大，绝无曲折、岘崥②、森耸峻嶒③者。近更有以大块辰砂、石青、石绿为研山④、盆石，最俗。

译文

园林布局用石，以灵璧石为上，英石次之，但这两种品种很贵重，不容易买到，大一点儿的尤其不易得到，高过几尺的，就已经算珍品了。小的可放置在几案上，颜色如漆一般光亮，声音如玉石般清脆的最好。横石，以蜡色质地、形状如峰峦峻峭挺拔的为上品，俗话说"灵璧无峰""英石无坡"。依我所见，其实也不尽然。其他石头纹理粗大，完全没有曲折、高耸、陡峭、突兀等特征。近来更有人以大块丹砂、石青、孔雀石做砚台、盆景中的石头，最为俗气。

品

石

灵璧石

　　出凤阳府宿州灵璧县，在深山沙土中，掘之乃见，有细白纹如玉，不起岩岫。佳者如卧牛、蟠螭②，种种异状，真奇品也。

译文

　　灵璧石产自凤阳府宿州的灵璧县，在深山的沙土中，挖开沙土才能找到，灵璧石有洁白如玉的细白纹，没有孔眼。其中的上品像卧牛、蟠螭，有各种奇异的形状，堪称奇品。

❶ 岩岫（xiù）：洞穴。❷ 蟠螭（pán chī）：盘曲的无角之龙。

一一六

灵璧石

英　石

出英州倒生岩下，以锯取之，故底平起峰，高有至三尺余者，小斋之前，叠一小山，最为清贵。然道远不易致。

英石产自英州的倒生岩下，是以锯片从岩石上取下来的，因此底部平坦，而呈山峦的形状，高的有三尺多长，小的房室之前，用英石堆一个小山，最为清雅贵气。但英石产地太远，不易得到。

英石

太湖石

石在水中者为贵，岁久为波涛冲击，皆成空石，面面玲珑。在山上者名旱石，枯而不润，赝作弹窝，若历年岁久，斧痕已尽，亦为雅观。吴中所尚假山，皆用此石。又有小石久沉湖中，渔人网得之，与灵璧、英石亦颇相类，第声不清响。

译文

太湖石沉在水里的最为珍贵，长年被波涛冲击侵蚀，都成了有孔的石头，棱角磨平，面面玲珑剔透。在山上的叫旱石，干燥不温润，人为地凿出洞孔，如果经历的时间久了，凿痕消失，也算雅观。吴中士人喜欢的假山用的都是这种石头。还有一类小石，久沉湖中，被渔人捕捞获得，与灵璧石、英石也颇为相似，只是声音不清脆。

太湖石

尧峰石

近时始出，苔藓丛生，古朴可爱。以未经采凿，山中甚多，但不玲珑耳。然正以不玲珑，故佳。

尧峰石是近年才发现的，石头上苔藓丛生，古朴惹人喜爱。因为以前未经开凿，所以山中有很多，但并不精致玲珑。但正因为不精致，所以才好。

尧峰石

土玛瑙

出山东兖州府沂州，花纹如玛瑙，红多而细润者佳。有红丝石，白地上有赤红纹。有竹叶玛瑙，花斑与竹叶相类，故名。此俱可锯板，嵌几、榻、屏风之类，非贵品也。石子五色，或大如拳，或小如豆，中有禽、鱼、鸟、兽、人物、方胜❶、回纹之形，置青绿小盆，或宣窑白盆内，斑然可玩，其价甚贵，亦不易得，然斋中不可多置。近见人家环列数盆，竟如贾肆❷。新都人有名"醉石斋"者，闻其藏石甚富且奇。其地溪涧中，另有纯红纯绿者，亦可爱玩。

土玛瑙产自山东兖州府沂州，花纹像玛瑙，红色多并且质地细润的为好。有红丝石，白色的质地上有赤红的纹理。有竹叶玛瑙，石上的花斑纹与竹叶相似，因而得名。这几种都可以锯成薄板，镶嵌在几案、卧榻、屏风之类的家具上，不是名贵的品种。有一种五色的土玛瑙石子，有的大如拳头，有的小如蚕豆，石上有家禽、游鱼、飞鸟、走兽、人物、方胜、回纹这样的形状，放到青绿色小盆中，或在宣德窑烧制的白盆内，色彩斑斓，可供赏玩。这类石子的价格很贵，也不易得到，但室内也不能多放。最近看见有人在家环绕着摆了好几盆，竟像店铺一样。北京有个"醉石斋"，听说主人收藏的石头很丰富并且奇特。沂州的溪流山涧中，另外有纯红、纯绿色的石头，也值得怜爱把玩。

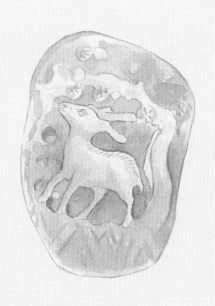

土玛瑙

卷

四

禽

鱼

语鸟^①拂阁以低飞，游鱼排荇而径度，幽人会心，辄令竟日忘倦。顾声音颜色，饮啄态度。远而巢居穴处，眠沙泳浦^②，戏广浮深；近而穿屋^③贺厦，知岁^④司晨^⑤啼春^⑥噪晚^⑦者，品类不可胜纪。丹林绿水，岂令凡俗之品阑入其中。故必疏其雅洁，可供清玩者数种，令童子爱养饵饲，得其性情，庶几驯鸟雀，狎凫鱼，亦山林之经济也。志《禽鱼第四》。

鸣禽掠过屋檐低飞，游鱼穿插在荇草中畅游，这与幽居之人心意契合，让人终日流连，忘记倦怠。聆听观赏禽鱼的声音与形状颜色，饮水啄食的神情姿态。远的有栖息巢穴的飞禽，有浮沉嬉戏的游鱼；近的有燕雀、鹊鸟、雄鸡、黄莺、乌鸦等，种类繁多，不可胜数。红叶树林、碧绿清水，哪能让凡品俗物任意掺入其中。所以一定要挑选数种雅洁、可供赏玩的品种，让童子爱护喂养，熟悉禽鱼的性情，这样差不多能够驯养鸟雀，戏弄野鸭游鱼，这也是隐居山林之人所应具备的学识。记《禽鱼第四》。

① 语鸟：会说话的鸟，即鸣禽。

② 浦：水边。

③ 穿屋：雀。

④ 知岁：喜鹊。

⑤ 司晨：鸡。

⑥ 啼春：黄莺。

⑦ 噪晚：乌鸦。

鹤

　　华亭鹤窠村所出，其体高俊，绿足龟文，最为可爱。江陵鹤津、维扬俱有之。相鹤但取标格奇俊，唳声清亮，颈欲细而长，足欲瘦而节，身欲人立，背欲直削。蓄之者当筑广台，或高冈土垒之上，居以茅庵，邻以池沼，饲以鱼谷。欲教以舞，俟其饥，置食于空野，使童子拊掌顿足以诱之。习之既熟，一闻拊掌，即便起舞，谓之食化。空林别墅，白石青松，惟此君最宜。其余羽族，俱未入品。

　　华亭鹤窠村所产的鹤，体态高大俊秀，绿足龟纹，最是可爱。江陵鹤津、扬州都产鹤。选鹤的标准是体格奇特俊秀，叫声清亮，颈项似细而长，足似瘦而有力，身形如人挺拔直立，背部看似直挺瘦削。养鹤的人应该建筑开阔的平台，或者在高冈土坡之上，用茅草搭建一个居所以养鹤，临近水沼池塘，喂以鱼虫稻谷。如果想教鹤起舞，等到它们饥饿的时候，将食物放置在空阔的地上，让童子拍手顿足引诱它们。这样操练熟悉以后，它们一听到拍手，就会翩翩起舞，这就是所谓的"食物驯化"。空旷的深林山居之地，岩石青松之间，只有鹤最适合。其余的飞禽都不入品。

鶴

鸂鶒

鸂鶒能敕水^②，故水族不能害。蓄之者，宜于广池巨浸，十数为群，翠毛朱喙，灿然水中。他如乌喙白鸭，亦可蓄一二，以代鹅群，曲栏垂柳之下，游泳可玩。

译文

鸂鶒有整饬的神通，因此水里的动物不能伤害它。饲养鸂鶒的话，适合养在广阔的水塘池沼上，十数只结成一群，翠毛朱嘴，鲜丽明亮地浮于水面。其他的水鸟，比如黑嘴白鸭，也可蓄养几只，用来代替鹅群。曲栏环绕，垂柳依依，一群水鸟嬉戏，可供赏玩。

❶ 鸂鶒（xī chì）：一种类似鸳鸯的水鸟。 ❷ 敕水：整饬流水。

一三二

溪
鸂

鹦 鹉

鹦鹉能言，然须教以小诗及韵语，不可令闻市井鄙俚之谈，聒然盈耳。铜架食缸，俱须精巧。然此鸟及锦鸡、孔雀、倒挂、吐绶诸种，皆断为闺阁中物，非幽人所需也。

鹦鹉能学人说话，但必须教它简短的小诗及押韵的句子，不能让它听闻市井鄙俗之语，聒噪刺耳。鸟架、食缸都要精巧。但是鹦鹉和锦鸡、孔雀、倒挂鸟、吐绶鸟这一类飞禽，都只是闺阁中的赏玩鸟类，并非幽居之人所需。

鹦鹉

百舌　画眉　鸜鹆

　　饲养驯熟，绵蛮软语，百种杂出，俱极可听，然亦非幽斋所宜。或于曲廊之下，雕笼画槛，点缀景色则可，吴中最尚此鸟。余谓有禽癖者，当觅茂林高树，听其自然弄声，尤觉可爱。更有小鸟名黄头，好斗，形既不雅，尤属无谓。

　　百舌、画眉、鸜鹆被饲养驯顺之后，能发出婉转温软的叫声，很多种叫声夹杂在一起，都非常悦耳，但这些也不适合在幽居之室蓄养。或者在弯曲的走廊下面，养在雕镂的鸟笼里，挂在描画的栏杆附近，用来点缀景色还可以，吴中最喜欢这种鸟。我认为有养鸟癖好的人，应当去寻找茂密的树林、高大的树木，去听鸟雀们自然地鸣叫，那才会觉得有趣可爱。另有名叫"黄头"的小鸟，生性好斗，外形也不雅观，更加无趣。

百舌　画眉　鹡鸰

朱 鱼

朱鱼独盛吴中，以色如辰州朱砂故名。此种最宜盆蓄，有红而带黄色者，仅可点缀陂池^①。

 译 文

朱鱼唯独盛行于吴中一带，因为它的颜色像辰州朱砂，所以得名。朱鱼最适合盆中饲养，有一种红中带黄的，仅仅可供点缀池塘景色而已。

朱
鱼

卷

 五

 书

 画

　　金生于山，珠产于渊，取之不穷，犹为天下所珍惜，况书画在宇宙，岁月既久，名人艺士，不能复生，可不珍秘宝爱？一入俗子之手，动见劳辱，卷舒失所，操揉燥裂，真书画之厄也。故有收藏而未能识鉴，识鉴而不善阅玩，阅玩而不能装潢①，装潢而不能铨次②，皆非能真蓄书画者。又蓄聚既多，妍媸③混杂，甲乙次第，毫不可讹。若使真赝并陈，新旧错出，如入贾胡肆中，有何趣味？所藏必有晋、唐、宋、元名迹，乃称博古。若徒取近代纸墨，较量真伪，心无真赏，以耳为目，手执卷轴，口论贵贱，真恶道也。志《书画第五》。

　　黄金出于深山，珍珠生于深潭，取之不尽，尚且为天下人所珍惜。何况书画存于天地之间，岁月倏忽而过，有名的文人画师，死而不能复生，难道不应该珍藏爱惜吗？一旦落入俗人之手，动辄频繁取置，不加爱护，书页或卷或舒，失其顺序，揉搓破裂，这真是书画的灾难。所以能收藏而不能品识鉴别，能品识鉴别而不能展阅赏玩，能展阅赏玩而不能装裱，能装裱而不能分别等次的，都不算真正能收藏书画的人。此外书画收藏多了以后就会优劣混杂，因此分别等次一点也不能出错。如果使得真伪并陈，新旧夹杂，犹如进入了胡人开的书画铺中，有何趣味可言？收藏必须要有晋、唐、宋、元时期的名品真迹，才算得上博

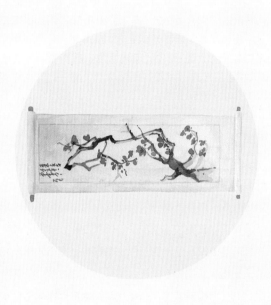

古。如果只是收藏些近代的墨宝，比较考量真伪，无心真正欣赏，以耳代目，手里拿着一幅书画，就随口品评优劣高低，这真是歪门邪道。记《书画第五》。

论 书

观古法书，当澄心定虑，先观用笔结体，精神照应；次观人为天巧、自然强作；次考古今跋尾、相传来历；次辨收藏印识②、纸色、绢素。或得结构而不得锋芒者，模本也；得笔意而不得位置者，临本也；笔势不联属，字形如算子者，集书③也；形迹虽存，而真彩神气索然者，双钩④也。又古人用墨，无论燥润肥瘦，俱透入纸素，后人伪作，墨浮而易辨。

译文

观赏古代书法，应当静心定神，先看字的笔法结构、神韵之间的呼应；次看究竟属于人为勉力强作，还是信手自然天成；再看书画后附有的古今题跋，知其相传来历；接着辨识收藏者的印章题字、纸张色泽、材质。书作结构形似而笔画没有原作锋芒的，是摹本；有书意却布局不当的，是临本；笔势不连贯，字形如同算珠的，是集字而成的；只存形貌和笔迹，精神气韵却毫不存在的，是双钩。此外，古人用墨，无论润燥肥瘦，都浸透纸张绢素，后人的伪作，笔墨漂浮于上，容易辨别。

❶跋尾：书画后面附有的文字介绍或品评。❷印识：印章与题字。❸集书：集合古碑帖的字而成。❹双钩：摹写的一种方法，用线条勾出摹写的字的笔画的四周，构成空心笔画的字体。

论　画

　　山水第一，竹、树、兰、石次之，人物、鸟兽、楼殿、屋木小者次之，大者又次之。人物顾盼语言，花果迎风带露，鸟兽虫鱼精神逼真，山水林泉清闲幽旷，屋庐深邃，桥彴[1]往来，石老而润，水淡而明，山势崔嵬[2]，泉流洒落，云烟出没，野径迂回，松偃龙蛇，竹藏风雨，山脚入水澄清，水源来历分晓，有此数端，虽不知名，定是妙手。若人物如尸如塑，花果类粉捏雕刻，虫鱼鸟兽但取皮毛，山水林泉布置迫塞，楼阁模糊错杂，桥彴强作断形，径无夷险，路无出入，石止一面，树少四枝，或高大不称，或远近不分，或浓淡失宜，点染无法，或山脚无水面，水源无来历，虽有名款，定是俗笔，为后人填写。至于临摹赝手，落墨设色，自然不古，不难辨也。

　　山水是画中第一主题，竹、树、兰、石次之，人物、鸟兽、楼殿、居室画小幅的次之，大幅的又次之。人物神色意态形象生动，花果迎风飘摇含珠带露，鸟兽虫鱼栩栩如生，山水林泉清幽空旷，屋庐房舍幽深邃远，小桥横渡方便往来，山石古朴润泽，流水清澈明亮，山势险峻，泉流飞落，云雾若有若无，山野小路迂回曲折，松树偃伏，宛如龙蛇盘踞，竹子隐藏于风雨之中，山底溪水澄清，水源在画中来历分明，具有这些特点的画作，虽不著名，也定是高手所为。如果所画人物如死尸、泥塑，花果像粉塑、

雕刻，虫鱼鸟兽仅得皮毛的形似，山溪树林飞泉的布局阻塞，楼阁布景模糊错杂，桥梁故作断形，山野小路无平坦险峻之别，路无出入踪迹，石头单调只画一面，树木枝叶极少，或者高大不相称，或者远近不分，或者墨色浓淡失宜，点缀没有法度，或者山脚没有水面，水源没有来历，虽有名家题款，也定然是平庸之作，为后人添加而成。至于专事临摹的造假者，其用墨着色，自然不古雅，不难辨识。

粉　本

古人画稿，谓之粉本，前辈多宝蓄之，盖其草草不经意处，有自然之妙。宣和、绍兴所藏粉本，多有神妙者。

古人的画稿，被称为粉本，前人都爱珍藏，因为作画时随意勾画的地方，往往有自然不事雕琢之妙。宋代宣和、绍兴年间的粉本，有很多神妙之作。

粉

本

装　潢

装潢书画，秋为上时，春为中时，夏为下时，暑湿及沍寒俱不可装裱。勿以熟纸[1]，背必皱起。宜用白滑漫薄大幅生纸，纸缝先避人面及接处，若缝缝相接，则卷舒缓急有损，必令参差其缝，则气力均平，太硬则强急，太薄则失力。绢素彩色重者，不可搗理。古画有积年尘埃，用皂荚清水数宿，托于太平案[2]扦去[3]，画复鲜明，色亦不落。补缀之法，以油纸衬之，直其边际，密其隙缝，正其经纬，就其形制，拾其遗脱，厚薄均调，润洁平稳。又，凡书画法帖，不脱落，不宜数装背，一装背，则一损精神。古纸厚者，必不可揭薄。

装裱书画，秋天最佳，春天次之，夏天最差，暑热潮湿及寒冷凛冽时都不适合装裱。不要用熟纸装裱，因为背面必然会起皱，最好用白滑薄亮的大张生纸，纸缝先避开画作中人物面部和画纸的相接处，如果画与衬纸的接缝重叠，会因为打开合上时用力不同而受损，要让接缝参差错开，翻看时，用力要平均，太硬的纸张容易用力过猛，而太薄的纸张又容易下手无力。色彩鲜明的绢素，不能用石头摩擦裱褙，使其熨帖平整。古画如果有经年累月的尘埃，要用皂荚水和清水反复清洗数日，然后放在太平案上剔去尘垢，画就会光亮如新，颜色也不脱落。书画修补之法，用油纸衬在后面，直到边角，接口严丝合缝，理顺纵

装

潢

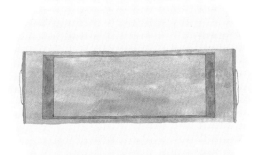

横，就其原来的形制，填补缺损脱漏的部分，使其厚薄均匀，
干净整齐。大凡书画字帖，只要没有脱落，不宜多次装裱，多
装裱一次，则多损失一次书画精气神。古纸较厚的，一定不能
揭层使其变薄。

藏　画

　　以杉、杪木为匣，匣内切勿油漆、糊纸，恐惹霉湿，四五月，先将画幅幅展看，微见日色，收起入匣，去地丈余，庶免霉白。平时张挂，须三五日一易，则不厌观，不惹尘湿，收起时，先拂去两面尘垢，则质地不损。

　　用杉木、杪木制作匣子，匣子内切勿油漆，切勿糊纸，以免发霉潮湿。四五月的时候，先将画一幅幅地展开看，稍微见一下阳光，便收入匣子，搁置在离地一丈多高的地方，远离地面湿气，以免生出白霉。平时张挂在书斋墙上，须得三五日更换一次，如此既不至于厌烦，又不会沾染灰尘和湿气，收起时，先拂去书画两面的尘垢，这样就不会损伤画卷。

南北纸墨

古之北纸，其纹横，质松而厚，不受墨；北墨色青而浅，不和油蜡，故色淡而纹皱，谓之"蝉翅拓"。南纸其纹竖，用油蜡，故色纯黑而有浮光，谓之"乌金拓"。

（拓碑帖的用纸用墨）古时北纸的纹理横，质地松而粗厚，不太吸墨；北墨颜色发青且浅，不易和油蜡相融，因此北纸颜色浅淡而纹理发皱，拓法被称作"蝉翅拓"。而南纸纹理竖直，墨多用油蜡制成，所以色泽黝黑发亮，拓法被称作"乌金拓"。

南北纸墨

卷六　几榻

① 几榻：案小者为几，床低而小者为榻。② 燕衎（kàn）：宴饮行乐。

古人制几榻①，虽长短广狭不齐，置之斋室，必古雅可爱，又坐卧依凭，无不便适。燕衎②之暇，以之展经史，阅书画，陈鼎彝，罗肴核，施枕簟，何施不可。今人制作，徒取雕绘文饰，以悦俗眼，而古制荡然，令人慨叹实深。志《几榻第六》。

古人制作几榻，虽然长短宽窄不一，但放置于居室之内，必定古雅惹人喜爱，而且平日坐卧凭靠，都非常方便舒适。宴饮行乐之余，可在几榻上展阅经史书籍，赏悦书法绘画，陈放古代钟鼎彝器，罗列菜肴果蔬，放置枕头席子，用途广泛，无所不可。今人制作几榻，只追求雕绘装饰，以取悦俗人，古代的形制荡然无存，实在令人深为感慨。记《几榻第六》。

曲　几

　　以怪树天生屈曲若环若带之半者为之，横生三足，出自天然，摩弄滑泽，置之榻上或蒲团，可倚手顿颡❶。又见图画中有古人架足而卧者，制亦奇古。

 译　文

　　用天生弯曲或如环状、或如带状的怪树的半段为原料制作几，最好是有三弯腿，像天然形成的一样，打磨擦拭光滑后，放在榻或蒲团上，可以用来放手或撑头。我还见到过画中有古人架起双脚用来躺卧的几，样式也非常奇特古朴。

曲

几

禅 椅

以天台藤为之，或得古树根，如虬龙诘曲[1]臃肿，槎牙[2]四出，可挂瓢、笠及数珠、瓶、钵等器，更须莹滑如玉，不露斧斤者为佳，近见有以五色芝粘其上者，颇为添足。

禅椅用天台山的藤枝来制作，或者用如虬龙般弯曲粗壮的老树根来制作，枝丫横生，可以悬挂瓢、斗笠和念珠、瓶、钵等器物，尤其以光滑如玉、不露雕琢痕迹者为佳。近来看见有人用五色灵芝粘在禅椅上做装饰的，真是多此一举。

禅椅

书　桌

　　中心取阔大，四周镶边，阔仅半寸许，足稍矮而细，则其制自古。凡狭长、混角诸俗式，俱不可用，漆者尤俗。

　　书桌桌面的中心部分要阔大，四周镶边，宽半寸左右即可，桌腿稍微矮而细，如此其制式自然显得古朴。凡是狭长、圆角这些庸俗的样式，都不能使用，上漆尤其庸俗。

书

桌

壁 桌

　　长短不拘，但不可过阔，飞云、起角、螳螂足诸式，俱可供佛，或用大理及祁阳石镶者，出旧制，亦可。

　　壁桌长短没有定式，但不能太宽，飞云、起角、螳螂足这些样式都可用来供佛，或有用大理石、祁阳石镶嵌壁桌以作装饰的，这出自旧式，也可以。

椅

椅之制最多，曾见元螺钿椅，大可容二人，其制最古；乌木镶大理石者，最称贵重，然亦须照古式为之。总之，宜矮不宜高，宜阔不宜狭，其折叠单靠、吴江竹椅、专诸禅椅诸俗式，断不可用。踏足处，须以竹镶之，庶历久不坏。

椅子的样式最多，我曾见过元朝螺钿椅，宽大可坐两人，制式也最古老；镶嵌大理石的乌木椅最为贵重，但也要遵循古式制作。总之，椅子宜矮不宜高，宜宽不宜窄，至于单靠背折叠椅、吴江竹椅和专诸禅椅等俗制，绝不能用。椅子的脚踏处须用竹子镶边，这样可长久不坏。

杌

杌^①有二式，方者四面平等，长者亦可容二人并坐。圆杌须大，四足彭出。古亦有螺钿朱黑漆者，竹杌及绦环诸俗式，不可用。

杌有两种样式，方杌四边相等，长的也可容两人并坐。圆杌须得大一些，四脚向外旁出。古时也有螺钿朱黑漆样式的杌，竹杌和绳子编的杌等俗式，不可取。

杌

凳

凳亦用狭边镶者为雅。以川柏为心，以乌木镶之，最古。不则竟用杂木，黑漆者亦可用。

 译文

凳子也以窄边镶嵌的为雅致，以川柏为凳面，四周用乌木镶边，最为古雅。如若不然，就全用杂木，涂上黑漆也可以用。

凳

橱

藏书橱须可容万卷，愈阔愈古，惟深仅可容一册，即阔至丈余，门必用二扇，不可用四及六。小橱以有座者为雅，四足者差俗，即用足，亦必高尺余。下用橱殿，仅宜二尺，不则两橱叠置矣。橱殿以空如一架者为雅。小橱有方二尺余者，以置古铜玉小器为宜。大者用杉木为之，可辟蠹，小者以湘妃竹及豆瓣楠、赤水、椤木为古。黑漆断纹者为甲品，杂木亦俱可用，但式贵去俗耳。铰钉忌用白铜，以紫铜照旧式，两头尖如梭子，不用钉钉者为佳。竹橱及小木直楞，一则市肆中物，一则药室中物，俱不可用。小者有内府填漆，有日本所制，皆奇品也。经橱用朱漆，式稍方，以经册多长耳。

译文

藏书的橱柜须能容纳万卷书籍，越大越显古朴，但深度以可容纳一册书为限。书橱宽可达一丈多，橱柜门必须用两扇，不能用四扇或六扇。小橱柜以有底座的为雅致，做成四只脚的稍俗，即使要做成带脚的，脚也要一尺多高。下部如果用底座，只宜二尺，不然的话就像两个橱柜叠放在一起。底座以空如一架显得古雅。小橱柜有方二尺左右大的，用来放置铜器、玉器等小器物比较合适。大的橱柜用杉木来做，可避免生虫；小的橱柜用湘妃竹、豆瓣楠、赤水木、椤木做比较古雅。黑漆断纹的为佳品，杂木也都可使用，但样式贵在不俗而已。铰钉不能用白铜，要用紫

橱

铜照着旧式去做，两头尖如梭子，不用钉钉为好。竹橱和小木架，一是市场商铺所用，一是药铺所用，都不能用作书橱。小书橱有内府填漆的，有日本制造的，都是珍品。收藏佛经的书橱要用红漆，样式稍微方整些，因为经书册子较长。

架

　　书架有大小二式，大者高七尺余，阔倍之。上设十二格，每格仅可容书十册，以便检取。下格不可置书，以近地卑湿故也，足亦当稍高。小者可置几上，二格平头、方木、竹架及朱黑漆者俱不堪用。

　　书架有大小两种样式，大的高七尺多，宽十四尺多，架上设有十二格，每格只能放书十册，方便取阅。下层的格子不可放书，因为离地太近，太容易潮湿了，书架的腿也要稍高一点儿。小点的书架可以放在几上，二格平头、方木、竹架以及朱黑漆的书架，都不可用。

床

以宋元断纹小漆床为第一，次则内府所制独眠床，又次则小木出高手匠作者亦自可用。永嘉、粤东有折叠者，舟中携置亦便。若竹床及飘檐、拔步、彩漆、卍字、回纹等式，俱俗。近有以柏木啄细如竹者，甚精，宜闺阁及小斋中。

床以宋元时期断纹小漆床为最好，其次是内府所造的单人床，再次是能工巧匠做的小木床，也可以使用。永嘉、粤东有种折叠床，在船上携带放置十分方便。像竹床、飘檐床、拔步床、彩漆床、卍字床、回纹床等样式，都很俗气。近来有用柏木雕琢成竹子形状的床，很精致，适合放在闺房和小居室中。

床

箱

　　倭箱黑漆嵌金银片，大者盈尺，其铰钉锁钥^①俱奇巧绝伦，以置古玉重器或晋唐小卷最宜。又有一种差大，式亦古雅，作方胜、璎络^②等花者，其轻如纸，亦可置卷轴、香药、杂玩，斋中宜多畜以备用。又有一种古断纹者，上圆下方，乃古人经箱，以置佛座间，亦不俗。

　　日本式的箱子用黑漆，上镶金银片，大的一尺多，铰钉和锁钥都很奇巧精美，用来放置古玉等贵重饰物或者晋唐时期的小幅书画最合适。还有一种稍大些的，样式也很古雅，表面雕有方胜、璎珞等花样纹路，轻巧如纸，也可放置卷轴、香药及各种杂玩，居室中应该多收藏几个备用。还有一种旧式断纹的箱子，上圆下方，是古人所用的经箱，放置在佛座上，也不俗气。

❶锁钥：锁和钥匙。

❷璎络：即璎珞。用珠玉串成的装饰物，多用作颈饰。

箱

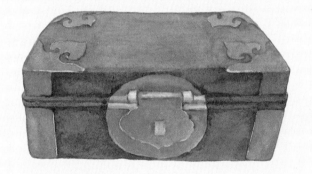

屏

屏风之制最古，以大理石镶下座，精细者为贵。次则祁阳石，又次则花蕊石。不得旧者，亦须仿旧式为之，若纸糊及围屏、木屏，俱不入品。

屏风的制作最为古老，用大理石镶嵌屏风座、做工精细的为珍贵。其次是祁阳石的，再次是花蕊石的。如果没有古旧的屏风，也应仿照旧时样式制作，至于纸糊的和围屏、木屏，都不入品。

屏

卷

七

器

具

雅致
生活

鼎彝器上铸刻的文字。❹韵物：风雅之物。

❶隃糜（yú mí）：古县名，以产墨著名，后世借以代称墨。❷侧理：纸名，即苔纸。❸款识：古代钟

古人制器尚用，不惜所费，故制作极备，非若后人苟且。上至钟、鼎、刀、剑、盘、匜之属，下至隃糜①、侧理②，皆以精良为乐，匪徒铭金石尚款识③而已。今人见闻不广，又习见时世所尚，遂致雅俗莫辨。更有专事绚丽，目不识古，轩窗几案，毫无韵物④，而侈言陈设，未之敢轻许也。志《器具第七》。

古人制作器具追求实用，并为此不惜成本，因此制作非常精美，不像后人一般敷衍了事。上至钟、鼎、刀、剑、盘、匜等青铜器物，下至笔墨、纸张，古人都以追求精良为乐事，并非仅仅刻镂金石、崇尚题记而已。现在的人见闻不广，又对当前世俗所尚习以为常，于是导致不能辨别雅俗。更有人只重华丽，不识古雅，居室窗户几案之间，全无风雅之物，却大谈陈设，这类行为实在不能苟同。记《器具第七》。

香　炉

三代、秦、汉鼎彝，及官、哥、定窑、龙泉、宣窑，皆以备赏鉴，非日用所宜。惟宣铜彝炉稍大者，最为适用。宋姜铸②亦可，惟不可用神炉、太乙及鎏金③白铜双鱼、象鬲之类。尤忌者，云间、潘铜、胡铜所铸八吉祥④、倭景、百钉⑤诸俗式，及新制建窑、五色花窑等炉。又古青绿博山亦可间用。木鼎可置山中，石鼎惟以供佛，余俱不入品。古人鼎彝，俱有底盖，今人以木为之。乌木者最上，紫檀、花梨俱可，忌菱花、葵花诸俗式。炉顶以宋玉帽顶及角端、海兽诸样，随炉大小配之。玛瑙、水晶之属，旧者亦可用。

译文

夏商周三代、秦汉时期的钟鼎彝器，以及后世官窑、哥窑、定窑、龙泉窑、宣窑烧制的香炉，都是用来欣赏品评的，不适合日常使用。只有稍大一点的宣德年间的铜炉最为适用，宋代姜氏烧铸的香炉也可以，只是不能用敬神的香炉、太乙炉以及镀金白铜双鱼、象形之类样式的香炉。尤其忌讳的是云间、潘氏、胡氏铸造的八吉祥、日式景观、百钉等俗式的香炉，以及新产的建窑瓷、五彩花瓷的香炉。此外，古青绿博山炉也可偶尔使用。木香炉可置于山中，石香炉只可用以供佛，其余的都不入品。古代的鼎彝都有底盖，现在人都用木头制作，乌木的最好，紫檀木、花梨木也都可以，忌讳饰有菱花、葵花这类俗式的。炉顶可以

① 宣铜彝炉：明朝宣德年间铸造的铜质香炉。**②** 宋姜铸：宋代姜氏铸造的铜器。**③** 鎏金：镀金。**④** 八吉祥：藏传佛教中表示祥瑞的八种器物，分别为宝瓶、宝盖、金鱼、莲花、法螺、吉祥结、宝伞、法轮。**⑤** 百钉：表面有无数像钉子一样的凸起点。

香炉

制作为宋代玉石帽顶以及角端、海兽等样式，形制根据香炉大小来定，玛瑙、水晶一类的如果是旧样式也可以用作顶盖。

香 盒

宋剔合^①色如珊瑚者为上。古有一剑环、二花草、三人物之说。又有五色漆胎，刻法深浅，随妆露色，如红花、绿叶、黄心、黑石者次之。有倭盒三子^②、五子者，有倭撞金银片者。有果园厂^③，大小二种，底、盖各置一厂，花色不等，故以一合^④为贵。有内府填漆合，俱可用。小者有定窑、饶窑蔗段、串铃二式，余不入品。尤忌描金及书金字，徽人剔漆并磁合^⑤，即宣、成、嘉、隆等窑，俱不可用。

　　香盒当以宋代雕红漆且色如珊瑚的为上品。旧时有一剑环、二花草、三人物的雕刻花样的说法。其次是漆胎为五种颜色，因雕刻时深浅有别而呈现出不同颜色，像红花、绿叶、黄心、黑石等。另有日式香盒三个格子的、五个格子的，还有日式提盒的。有朝廷漆器作坊果园厂制作的，此类分大小两种，因为底、盖各分一厂制作，花色不同，所以两者花色一致的更为珍贵。有内务府填漆的香盒，这些都可以用。香盒小的有定窑、饶窑烧制的甘蔗段、串铃两种不同的样式，其余都不入品。尤其忌讳的是描金和书写金字的，徽州雕漆的瓷盒，即使是宣德、成化、嘉靖、隆庆年间官窑所产的，都不可用。

❶宋剔合：宋代雕红漆的盒。剔红，一种漆器工艺，即雕红漆。❷子：盒内分成的格子。❸果园厂：明代宫廷的漆器作坊。❹一合：底盖花色一致。❺磁合：疑为"瓷盒"。

一九〇

隔　火①

　　炉中不可断火，即不焚香，使其长温，方有意趣。且灰燥易燃，谓之活灰。隔火砂片第一，定片次之，玉片又次之，金银不可用。以火浣布②如钱大者，银镶四围，供用尤妙。

　　香炉中的火不能断，即使不焚香，也要使香炉保持长温，这样才有意趣。香灰干燥易燃，被称为"活灰"。隔火当以砂片为首选，定窑瓷片次之，玉石薄片又次一等，金银片不能使用。用铜钱大小的火浣布在四周镶上银边，用来隔火尤其巧妙。

隔

火

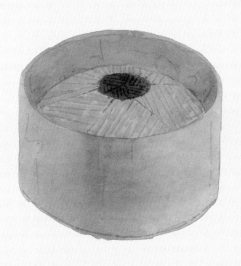

箸　瓶

官、哥、定窑者虽佳，不宜日用，吴中近制短颈细孔者，插箸下重不仆，铜者不入品。

官窑、哥窑、定窑生产的箸瓶虽然好，但不适合日常使用，吴中近来生产的短颈细孔的箸瓶，插箸进去后瓶身下面增重不会倒下，铜制的箸瓶不入品级。

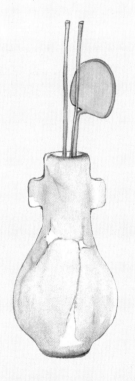

箸

瓶

香 筒

旧者有李文甫所制，中雕花鸟竹石，略以古简为贵。若太涉脂粉，或雕镂故事人物，便称俗品，亦不必置怀袖间。

译文

旧时有李文甫制作的香筒，筒壁雕有花鸟竹石，还是以古朴简约的为比较珍贵。如果脂粉气太重，或上面雕刻故事人物，那便成了俗品，也不必放入怀袖间使用。

香筒

笔 格

笔格^①虽为古制，然既用研山，如灵璧、英石，峰峦起伏，不露斧凿者为之，此式可废。古玉有山形者，有旧玉子母^②猫，长六七寸，白玉为母，余取玉玷^③或纯黄、纯黑玳瑁之类为子者。古铜有鏒金双螭挽格^④，有十二峰为格，有单螭起伏为格。窑器有白定三山、五山及卧花娃者，俱藏以供玩，不必置几研间。俗子有以老树根枝蟠曲万状，或为龙形，爪牙俱备者，此俱最忌，不可用。

笔架虽是古制，然而现在已经改用砚台，如有用像呈峰峦起伏之状，又不显露任何斧凿痕迹的灵璧石、英石制作的砚台，那笔架便可以废弃不用了。古玉笔架有山形的，有旧玉大小猫形的，长六七寸，用白玉做母猫，另外用有瑕疵的玉或纯黄、纯黑的玳瑁之类的做子猫。古铜笔架有鏒金双螭挽格的，有十二峰为格的，有单螭起伏为格的。窑器有定窑白瓷三山形、五山形和卧花娃娃形的，都可收藏以供品评赏玩，不必放置在几案之上。有俗人用盘旋回环不可名状的老树根枝制作龙形笔架，爪牙皆备的，这类最忌讳，不可用。

❶笔格：即笔架，用以置笔，以免毛笔污损他物。❷子母：指大小关系。❸玉玷：有瑕疵的玉。❹鏒（sǎn）金双螭挽格：鏒金，一种饰金工艺，用金泥附着于器物表面。双螭挽格，两条螭绾合形成的格子。螭，传说中无脚的龙。

笔

格

笔 洗

　　玉者有钵盂洗、长方洗、玉环洗。古铜者有古鏒金小洗，有青绿小盂，有小釜、小卮、小匜，此五物原非笔洗，今用作洗最佳。陶者有官、哥葵花洗、磬口洗、四卷荷叶洗、卷口蔗段洗。龙泉有双鱼洗、菊花洗、百折洗。定窑有三箍洗、梅花洗、方池洗。宣窑有鱼藻洗、葵瓣洗、磬口洗、鼓样洗，俱可用。忌绦环②及青白相间诸式，又有中盏作洗，边盘作笔觇③者，此不可用。

译文

　　玉制的笔洗有钵盂洗、长方洗、玉环洗。古铜笔洗有古鏒金小洗，有青绿小盂，有小釜、小卮、小匜，这五种原本不是笔洗，现在用作洗最好。陶瓷笔洗有官窑、哥窑产的葵花洗、磬口洗、四卷荷叶洗、卷口蔗段洗。龙泉窑产的有双鱼洗、菊花洗、百折洗。定窑产的有三箍洗、梅花洗、方池洗。宣窑产的有鱼藻洗、葵瓣洗、磬口洗、鼓样洗，这些都可用。忌讳用丝绳环和青白相间这类的样式，又有中盏作笔洗，边盘作笔觇的，这些都不可用。

① 小釜、小卮（zhī）、小匜（yí）：釜，古代的一种炊器；卮，古代的一种酒器；匜，古代舀水的用具。

② 绦环：丝绳做成的环。

③ 笔觇（chān）：试笔用的器皿。

笔

洗

水中丞^①

　　铜性猛，贮水久则有毒，易脆笔，故必以陶者为佳。古铜入土岁久，与窑器同，惟宣铜则断不可用。玉者有元口瓷，腹大仅如拳，古人不知何用？今以盛水，甚佳。古铜者有小尊罍、小甑^②之属，俱可用。陶者官、哥瓷肚小口钵盂诸式。近有陆子冈所制兽面锦地与古尊罍同者，虽佳器，然不入品。

 译文

　　铜制的水中丞性猛，贮水太久就会有毒，容易使笔变脆，因此当以陶质的为好。古铜器在土里埋藏多年，与窑器性质相同，但唯独宣德年间的铜器断不可使用。玉制的有一种圆口瓷，瓷腹只有拳头大小，不知古人用来做什么，现在用来盛水最好。古铜器中小尊罍、小甑之类的也都可用。陶制的有官窑、哥窑产的大肚小口钵盂等样式。近来有陆子冈制作的兽面锦地水中丞，与古代尊罍之类的酒器相同，虽然是佳器，却不入品。

水中丞

水 注

古铜、玉俱有辟邪①、蟾蜍、天鸡、天鹿、半身鸬鹚杓②、鋄金雁壶诸式滴子③，一合者为佳。有铜铸眠牛，以牧童骑牛作注管④者，最俗。大抵铸为人形，即非雅器。又有犀牛、天禄⑤、龟、龙、天马口衔小盂者，皆古人注油点灯，非水滴也。陶者有官、哥、白定方圆立瓜、卧瓜、双桃、莲、蒂、叶、茄、壶诸式，宣窑有五采桃注、石榴、双瓜、双鸳诸式，俱不如铜者为雅。

　　古铜和玉制的水注都有辟邪、蟾蜍、天鸡、天鹿、半身鸬鹚杓、鋄金雁壶等样式的滴子，盖与器身都一样的为好。有一种铜铸眠牛的水注样式，其中用牧童骑牛做注水口的最为俗气。大抵铸成人形的就不算是雅器。另外又有犀牛、天禄、龟、龙、天马口衔小盂这类的，都是古人注油点灯的器具，并非水注。陶制的水注有官窑、哥窑、定窑产的白色方圆立瓜、卧瓜、双桃、莲房、蒂、叶、茄、壶等样式，宣窑产的有五彩桃注、石榴、双瓜、双鸳鸯等样式，都不如铜制的雅致。

①辟邪：传说中的神兽，似鹿而长尾。②鸬鹚杓（sháo）：刻为鸬鹚形的酒具。③滴子：滴水的器具。④注管：注水口。⑤天禄：传说中的兽名。

水注

糊　斗

有古铜有盖小提卣①大如拳，上有提梁索股②者；有瓮肚如小酒杯式，乘方座者；有三箍长桶、下有三足；姜铸回文小方斗，俱可用。陶者有定窑蒜蒲③长罐，哥窑方斗如斛中置一梁者，然不如铜者便于出洗。

　　糊斗有古铜制的有盖的小提卣，约拳头大小，上有绳索状的提把手；有瓮肚如小酒杯，下接方座的；有三箍长桶而下有三足的；有宋代姜氏铸的回纹小方斗，都可以使用。陶制的有定窑蒜头形的长罐子，哥窑产的如斛中放置一梁的方斗，但不如铜制的便于清洗。

糊斗

镇　纸

　　玉者有古玉兔、玉牛、玉马、玉鹿、玉羊、玉蟾蜍、蹲虎、辟邪、子母螭诸式，最古雅。铜者有青绿虾蟆、蹲虎、蹲螭、眠犬、鎏金辟邪、卧马、龟、龙，亦可用。其玛瑙、水晶、官、哥、定窑，俱非雅器。宣铜马、牛、猫、犬、狻猊②之属，亦有绝佳者。

译文

　　玉制的镇纸有古玉兔、玉牛、玉马、玉鹿、玉羊、玉蟾蜍、蹲虎、辟邪、大小螭等样式，最为古雅。铜制的有青绿蛤蟆、蹲虎、蹲螭、眠犬、镀金辟邪、卧马、龟、龙，也可以用。玛瑙，水晶，官窑、哥窑、定窑产的瓷器，都不是雅器。宣德年间铜制的马、牛、猫、犬、狮子等形状的镇纸，也有极好的。

镇

纸

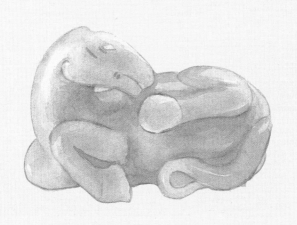

秘 阁

以长样古玉璏为之，最雅。不则倭人所造黑漆秘阁如古玉圭者，质轻如纸，最妙。紫檀雕花及竹雕花巧人物者，俱不可用。

　　用长条古玉璏制作的秘阁最雅致。此外，日本人制作的像古代玉圭样式的黑漆秘阁，轻薄如纸，最是精妙。紫檀雕花以及用竹子雕出灵巧好看人物的秘阁，都不可用。

贝　光

古以贝螺为之，今得水晶、玛瑙。古玉物中，有可代者，更雅。

 译文

　　贝光在古代是用贝壳、螺壳制作的，现在用水晶、玛瑙制作。古玉器物中，如果有能替代水晶、玛瑙的，更为雅致。

裁　刀

有古刀笔[1]，青绿裹身，上尖下圆，长仅尺许，古人杀青[2]为书，故用此物，今仅可供玩，非利用也。日本番人有绝小者，锋甚利，刀把俱用鹦鹕木，取其不染肥腻，最佳。滇中镂金银者，亦可用。溧阳、昆山二种，俱入恶道，而陆小拙[3]为尤甚矣。

古代的刀笔，通体青绿，上尖下圆，长只有一尺多，古人杀青写字，所以会用到此物，现在只能供人把玩，不再使用了。日本人有一种极小的裁刀，刀刃非常锋利，刀把全用鹦鹕木制作，取鹦鹕木不沾油的特性，非常好。云南装饰有金银的裁刀也可以用。溧阳、昆山两地产的裁刀都入俗套，陆小拙制作的更是俗不可耐。

侧边栏注释：

① 刀笔：古人用竹简写字，如果写字有误则须用刀刮去重写。② 杀青：古代制作竹简的流程之一，用火炙烤竹子后，刮去表皮，以便书写和防蠹。③ 陆小拙：似是明代制作剪刀的店名。

裁

刀

书　灯

有古铜驼灯、羊灯、龟灯、诸葛灯，俱可供玩，而不适用。有青绿铜荷一片檠，架花朵于上，古人取金莲之意，今用以为灯，最雅。定窑三台、宣窑二台者，俱不堪用。锡者取旧制古朴矮小者为佳。

译文

书灯有古铜驼灯、羊灯、龟灯、诸葛灯，均可供赏玩，但不适用。有一种青绿色形如一片荷叶的铜制灯架，上面可架花朵，古人取金莲之意，现在用来做灯，最为雅致。定窑三台灯架、宣窑二台灯架都不值得使用。锡制的书灯用旧时样式形状古朴矮小的为好。

书

灯

镜

秦陀、黑漆古、光背质厚无文者为上，水银古花背者次之。有如钱小镜，满背青绿，嵌金银五岳图者，可供携具。菱角、八角、有柄方镜，俗不可用。轩辕镜，其形如球，卧榻前悬挂，取以辟邪，然非旧式。

① 秦陀：即秦图，指秦代有图形的古镜。

译文

饰有秦代图形的黑漆色，且镜背厚实无纹的古铜镜为上品，水银色古铜镜且镜背带有花纹的次之。有一种差不多铜钱大小的小镜，背面都是铜绿色，镶嵌有金银五岳的图样，方便携带使用。菱角形、八角形、有柄的方镜，都很俗气不可用。轩辕镜的形状如球，悬挂在睡觉的榻前，用以辟邪，但并非旧式。

钩

古铜腰束绦钩，有金、银、碧填嵌者，有片金银者，有用兽为肚者，皆三代物也。有羊头钩、螳螂捕蝉钩、鏒金者，皆秦汉物也。斋中多设，以备悬壁挂画，及拂尘、羽扇等用，最雅。自寸以至盈尺，皆可用。

译文

古代束腰丝带的铜钩，有用金、银、碧玉镶嵌的，有用金银片装饰的，有做成兽形钩肚的，此类都是夏、商、周三代的物品。有鏒金的羊头钩、螳螂捕蝉钩，都是秦汉时代的物品。室内多摆设一些，用来在墙壁悬挂书画、拂尘、羽扇等，最为雅致。钩从一寸到一尺的，都可使用。

钩

禅　灯

高丽❶者佳，有月灯，其光白莹如初月；有日灯，得火内照，一室皆红，小者尤可爱。高丽有俯仰莲、三足铜炉，原以置此，今不可得，别作小架架之。不可制如角灯之式。

　　禅灯以高丽制作的为好，有月灯，灯的光色晶莹如新月；有日灯，用火点燃照亮，满屋通红，小的尤其显得可爱。高丽有俯仰莲、三足铜炉，本来是用于放置禅灯的，但现今找不到了，只能另外做小架子放置禅灯。禅灯不能制成羊角灯的样式。

禅

灯

如　意

古人用以指挥向往，或防不测，故炼铁为之，非直美观而已。得旧铁如意，上有金银错，或隐或见，古色蒙然^②者，最佳。至如天生树枝、竹鞭等制，皆废物也。

译文

古人用如意指引方向或预防不测，因此用铁炼制，不只是为了美观而已。若得旧式铁如意，上面镶嵌有金银错，或隐或现，朦胧中带有古意的，最好。至于用自然的树枝、竹根等制作的，都是废物。

如
意

麈

古人用以清谈，今若对客挥麈，便见之欲呕矣。然斋中悬挂壁上，以备一种。有旧玉柄者，其拂以白尾及青丝为之，雅。若天生竹鞭、万岁藤，虽玲珑透漏，俱不可用。

古人手执拂尘用以清谈，现在如果对着客人挥动拂尘，看着便让人想吐。但可在室内墙上悬挂一把以作收藏。有旧玉柄的拂尘，拂用白麈尾和青丝线做的，很雅致。如果是自然生长的竹根、古藤制作的，即使玲珑剔透，也都不能用。

花　瓶

　　古铜入土年久，受土气深，以之养花，花色鲜明，不特古色可玩而已。铜器可插花者，曰尊，曰罍，曰觚，曰壶，随花大小用之。磁器用官、哥、定窑古胆瓶、一枝瓶、小蓍草瓶、纸槌瓶，余如暗花、青花、茄袋、葫芦、细口、匾肚、瘦足、药坛及新铸铜瓶、建窑等瓶，俱不入清供。尤不可用者，鹅颈壁瓶^①也。古铜汉方瓶，龙泉、均州瓶，有极大高二三尺者，以插古梅，最相称。瓶中俱用锡作替管^②盛水，可免破裂之患。大都瓶宁瘦，无过壮，宁大，无过小，高可一尺五寸，低不过一尺，乃佳。

　　古铜器物藏于土中多年，受地气滋养深厚，用来养花，花色鲜亮，不只是古色古香可供赏玩而已。铜器可用于插花的有尊、罍、觚、壶，根据花的大小选用。瓷器用官窑、哥窑、定窑烧制的古胆瓶、一枝瓶、小蓍草瓶、纸槌瓶、其余的像暗花、青花、茄袋、葫芦、细口、扁肚、瘦足、药坛及新铸铜瓶、建窑产的瓷瓶，都不能用于清玩。尤其不能使用的，是鹅颈壁瓶。汉代古铜方瓶，龙泉窑、均窑产的瓷瓶，有大到二三尺高的，用来插古梅，最适合。瓶子中用锡制的屈管来盛水，可避免瓶子破裂后水泄出。花瓶大多宁可瘦些也不要太粗壮，宁可大些也不要小，高的可以一尺五寸，低的不过一尺，这样最好。

花

瓶

钟 磬

不可对设，得古铜秦、汉镈钟、编钟[1]，及古灵璧石磬声清韵远者，悬之斋室，击以清耳。磬有旧玉者，股[2]三寸，长尺余，仅可供玩。

钟磬不能一对对地相应摆设，可寻觅秦汉时期的古铜镈钟、编钟，以及古代灵璧石磬，其声清越余韵悠长的，悬挂在室内，敲击以净耳。磬有一种旧玉制成的，股三寸，长一尺多，只可用来赏玩。

❶ 镈钟、编钟：镈钟，古代乐器，单独悬挂，与编钟不同；编钟，古代打击乐器。❷ 股：磬的上端置悬处。

二三八

钟磬

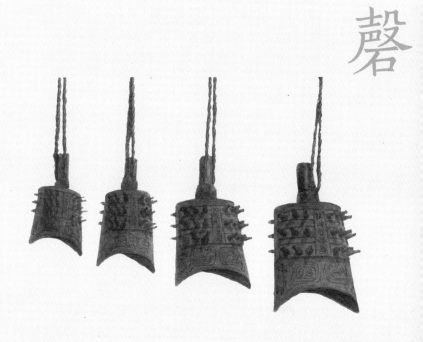

扇　扇坠

　　羽扇最古，然得古团扇雕漆柄为之，乃佳，他如竹篾、纸糊、竹根、紫檀柄者，俱俗。又今之折叠扇，古称聚头扇，乃日本所进，彼中今尚有绝佳者，展之盈尺，合之仅两指许，所画多作仕女、乘车、跨马、踏青、拾翠之状，又以金银屑饰地面，及作星汉人物，粗有形似，其所染青绿奇甚，专以空青、海绿为之，真奇物也。川中蜀府制以进御，有金铰藤骨[2]、面薄如轻绡者，最为贵重。内府别有彩画、五毒、百鹤鹿、百福寿等式，差俗，然亦华绚可观。徽、杭亦有稍轻雅者。姑苏最重书画扇，其骨以白竹、棕竹、乌木、紫白檀、湘妃、眉绿等为之，间有用牙及玳瑁者，有员头、直根、绦环、结子、板板花诸式，素白金面，购求名笔图写，佳者价绝高。其匠作则有李昭、李赞、马勋、蒋三、柳玉台、沈少楼诸人，皆高手也。纸敝墨渝，不堪怀袖，别装卷册以供玩，相沿既久，习以成风，至称为姑苏人事，然实俗制，不如川扇适用耳。扇坠夏月用伽南、沉香为之，汉玉小玦及琥珀眼掠皆可，香串、缅茄之属，断不可用。

① 星汉人物：银河中的神仙。② 金铰藤骨：用金属铆钉穿过藤木制作扇骨。

译文

　　扇子中羽扇最古老，但要以古团扇的雕漆柄制成才好，其他像竹篾、纸糊、竹根、紫檀柄做的扇，都很俗气。现在的折叠扇，古代称作"聚头扇"，是日本进贡的。日本现在还有极佳的折叠扇，展开有一尺大，合拢后仅有两指宽，扇面所画多是仕女、乘车、跨马、踏青、拾翠之类

扇　扇坠

的内容，又有画金银屑布满地面，以及做银河中神仙的，形状大致相似，所用青绿色颜料非常奇特，专门用空青、海绿来染色，真是奇物。四川蜀府进献朝廷的扇子，有一种用金属铆钉穿过藤木制作扇骨、扇面轻薄如丝的，最为贵重。内府还有彩画、五毒、百鹤鹿、百福寿等样式，有些俗气，但也华丽可观。徽州、杭州也有比较轻薄雅致的。苏州最看重书画扇，扇骨以白竹、棕竹、乌木、紫白檀、湘妃、眉绿等做成，偶尔也有用象牙及玳瑁做成的，有圆头、直根、绦环、结子、板板花等样式，扇面是素白金面，请名家题字作画，其中的佳品价格极高。制扇的工匠有李昭、李赞、马勋、蒋三、柳玉台、沈少楼等人，都是高手。纸墨品质低劣，不值得随身携带，另外又有将扇面装订成册以供赏玩的，相沿既久，习以成风，以至于被称为苏州特色，但其实很是俗气，不如四川制的扇子适用。扇坠夏天用伽南木、沉香木来制作，用汉代的小佩玉或者琥珀眼掠也可以，香珠串、缅茄一类的，断不可使用。

袖　炉

熏衣炙手，袖炉最不可少，以倭制漏空罩盖漆鼓为上，新制轻重方圆二式，俱俗制也。

熏衣暖手，袖炉最不可少，以日本制造的炉盖镂空的漆鼓形袖炉为上品，新制的有以轻重方圆为区别的两种样式，都是俗式。

琴

琴为古乐，虽不能操，亦须壁悬一床。以古琴历年既久，漆光退尽，纹如梅花，黯如乌木，弹之声不沉者为贵。琴轸犀角、象牙者雅。以蚌珠为徽，不贵金玉。弦用白色柘丝，古人虽有朱弦清越等语，不如素质有天然之妙。唐有雷文、张越，宋有施木舟，元有朱致远，国朝有惠祥、高腾、祝海鹤及樊氏、路氏，皆造琴高手也。挂琴不可近风露日色，琴囊须以旧锦为之，轸上不用红绿流苏，抱琴勿横。夏月弹琴，但宜早晚，午则汗易污，且太燥，脆弦。

译文

琴是古乐器，即使不会弹，也应该在墙壁上悬挂一张。古琴以经年历久，漆光褪尽，纹如梅花，颜色深暗如乌木，弹奏声不低沉的为珍贵。琴轸以犀角、象牙制作的为雅。以蚌珠为徽识，并不以金玉为贵。琴弦用白色柘丝，古人虽有朱弦清越的说法，但不如本色琴弦有天然之妙。唐代有雷文、张越，宋代有施木舟，元代有朱致远，本朝有惠祥、高腾、祝海鹤及樊氏、路氏，这些都是造琴高手。悬挂古琴不能靠近风吹日晒之处，装琴的袋子要用古织锦来做，琴轸上不能有红绿色的流苏，抱琴不能横着。夏天弹琴，只适合早晚，中午汗水多容易把琴弄脏，并且空气干燥，琴弦易断。

❶ 琴轸：琴上调弦的小柱。

研①

研以端溪为上，出广东肇庆府，有新旧坑、上下岩之辨，石色深紫，衬手而润，叩之清远，有重晕、青绿、小鸲鹆眼②者为贵，其次色赤，呵之乃润。更有纹慢而大者，乃西坑石，不甚贵也。又有天生石子，温润如玉，摩之无声，发墨③而不坏笔，真希世之珍。有无眼而佳者，若白端、青绿端，非眼不辨。黑端出湖广辰、沅二州，亦有小眼，但石质粗燥，非端石也。更有一种出婺源歙山、龙尾溪，亦有新旧二坑，南唐时开，至北宋已取尽，故旧砚非宋者，皆此石。

石有金银星及罗纹、刷丝④、眉子⑤，青黑者尤贵。黎溪石出湖广常德、辰州二界，石色淡青，内深紫，有金线及黄脉，俗所谓紫袍、金带者是。洮溪研出陕西临洮府河中，石绿色，润如玉。衢研出衢州开化县，有极大者，色黑。熟铁研出青州，古瓦研出相州，澄泥研出虢州。

研之样制不一，宋时进御有玉台、凤池、玉环、玉堂诸式，今所称贡研，世绝重之。以高七寸、阔四寸、下可容一拳者为贵，不知此特进奉一种，其制最俗。余所见宣和旧研有绝大者，有小八棱者，皆古雅浑朴。别有圆池、东坡瓢形、斧形、端明诸式，皆可用。葫芦样稍俗，至如雕镂二十八宿、鸟、兽、龟、龙、天马，及以眼为七星形，剥落研质、嵌古铜玉器于中，皆入恶道。研须日涤，去其积墨败水，则墨光莹泽，惟研池边斑驳墨迹，久浸不浮者，名曰墨锈，不可磨去。研，用则贮水，毕则干之。涤研用莲房壳，去垢起滞，又不伤研。大忌滚水磨墨，茶酒俱不可，尤不宜令顽童持洗。研匣宜用紫黑二漆，不可用五金，盖金能燥石。至如紫檀、乌木，及雕红、彩漆，俱俗，不可用。

❶ 研：即砚。❷ 鸲鹆（qú yù）眼：指砚石上的圆形斑点。❸ 发墨：砚石磨墨易浓而显出光泽。❹ 刷丝：产自安徽歙县的一种砚石。❺ 眉子：安徽歙县眉子坑所产的砚石。

二三六

砚 研

译文

　　砚台以端溪产的为上品，出自广东肇庆府，端溪砚有新旧坑、上下岩之别，以石色深紫、置手而感温润、敲之而声音清远、有重晕、青绿色、有小圆形斑点的为珍贵，其次是颜色赤红、呵气方觉温润的。还有一种石纹粗大的西坑石，不太珍贵。有一种天然石子制作的，温润如玉，研磨无声，磨墨易浓而显出光泽又不坏笔，确为稀世珍品。也有无眼的好砚台，像白色端溪石、青绿色端溪石制作的，不能以是否有眼来辨别优劣。黑色端溪石出自湖广的辰州、沅州，也有小眼，但石质粗糙干燥，并非端石。还有一种出自婺源歙山、龙尾溪的砚石，也有新旧二坑，南唐时开始开采，到北宋时已采尽，因此所谓旧砚并不是宋代的，而是指这种石质的。

此种砚石有金星石、银星石、石纹精密如罗纹的刷丝石、眉子石不同的种类，其中青黑色的尤为珍贵。黎溪石产自湖广行省的常德府、辰州府两地，石色淡青，内中深紫，有金黄色的纹理线路，一般人称的紫袍、金带便是。洮溪砚出自陕西临洮府的河中，石绿色，温润如玉。衢砚出自衢州开化县，有特别大的，黑色。熟铁砚产自青州，古瓦砚产自相州，澄泥砚产自虢州。

砚的样式规格不相同，宋代进献给皇家的有玉台、凤池、玉环、玉堂等样式，现在所谓的贡砚，世人非常看重，以高七寸、宽四寸、下面可容一只拳头的为珍贵，但他们不知道这是进奉的砚台的其中一种，其制作最是俗气。我所见到的宣和古砚台有极大的，有小八棱形的，都古雅浑朴。还有圆池、东坡瓢形、斧形、端明等样式，都可使用。葫芦形的砚台稍微俗气，至于像雕镂二十八星宿、鸟、兽、龟、龙、天马及砚眼为七星形，剥落部分砚石，嵌入古铜玉器于其中的，都堕入俗道。砚台要每天清洗，清除积存墨汁，墨光就会晶莹润泽，但是砚池边久浸不上浮的斑驳墨迹，称为墨锈，不可擦去。砚台用的时候就注水，用完就要将其擦拭干。洗涤砚台可用莲蓬壳，能清除淤滞污垢，又不损伤砚台。特别忌讳用滚水磨墨，茶水、酒水都不行，尤其不应该让顽童清洗砚台。砚台匣子适合用紫漆、黑漆，不能用金属的，因为金属使砚石干燥。至于紫檀、乌木及雕红、彩漆的匣子，都很俗，不可用。

笔 觇

定窑、龙泉小浅碟俱佳，水晶、琉璃诸式俱不雅，有玉碾片叶为之者，尤俗。

定窑、龙泉窑产的小浅碟都很好，水晶、琉璃之类的样式都不雅观，有一种玉碾片叶制成的笔觇，尤其俗气。

笔

尖、齐、圆、健，笔之四德，盖毫坚则尖，毫多则齐，用苘^①贴衬得法，则毫束而圆；用纯毫附以香狸、角水得法，则用久而健，此制笔之诀也。古有金银管、象管、玳瑁管、玻璃管、镂金、绿沉管，近有紫檀、雕花诸管，俱俗不可用。惟斑管最雅，不则竟用白竹。寻丈^②书笔，以木为管，亦俗。当以筇竹为之，盖竹细而节大，易于把握。笔头式须如尖笋，细腰、葫芦诸样，仅可作小书，然亦时制也。画笔，杭州者佳。古人用笔洗，盖书后即涤去滞墨，毫坚不脱，可耐久。笔败则瘗^③之，故云败笔成冢，非虚语也。

尖、齐、圆、健是毛笔的四德，因为毫毛坚硬就尖，毫毛多就齐，毫毛粘贴得好就圆，用纯净的毫毛添加香狸油、角水黏合得法，就会经久耐用而健，这是制作毛笔的诀窍。古代有金银管、象管、玳瑁管、玻璃管、镂金管、绿沉管，近来有紫檀、雕花等笔杆，都很俗气，不可使用。只有斑竹做的笔杆最雅致，不然的话就用箬竹制作。寻丈大的毛笔，用木做笔杆，也俗气，应当用筇竹来做，因为竹子细而竹节大，容易把握。笔头的样式应该像尖笋、细腰、葫芦等，仅可用于写小字，但也是现在流行的样式。画笔以杭州产的为好。古人用笔洗，因为写完字就洗去剩余的墨汁，笔毛坚硬不脱落，能够经久耐用。笔坏了就埋起来，所以有败笔成冢的说法，此话不虚。

笔

剑

今无剑客，故世少名剑，即铸剑之法亦不传。古剑铜铁互用，陶弘景《刀剑录》所载有："屈之如钩，纵之直如弦，铿然有声者"，皆目所未见。近时莫如倭奴所铸，青光射人。曾见古铜剑，青绿四裹者，蓄之，亦可爱玩。

现在没有了剑客，所以世上很少有名剑，即便是铸剑的方法也失传了。古代铸剑兼用铜铁，陶弘景著《刀剑录》载有："弯曲如钩，伸展直如弓弦，铿锵有声"，这些我都没有亲眼见到过。近来剑器没有能比得上日本人所铸的，寒光逼人。我曾见到过古铜剑，上面布满了青绿的铜锈，收藏起来也可供玩赏。

印 章

以青田石莹洁如玉、照之灿若灯辉者为雅。然古人实不重此，五金、牙、玉、水晶、木、石皆可为之，惟陶印则断不可用，即官、哥、冬青等窑，皆非雅器也。古鎏金、镀金、细错金银、商金、青绿、金玉、玛瑙等印，篆刻精古，钮式奇巧者，皆当多蓄，以供赏鉴。印池以官、哥窑方者为贵，定窑及八角、委角者次之，青花白地、有盖、长样俱俗。近做周身连盖滚螭白玉印池，虽工致绝伦，然不入品。所见有三代玉方池，内外土锈②血浸③，不知何用，今以为印池，甚古，然不宜日用，仅可备文具一种。图书匣以豆瓣楠、赤水、楞为之，方样套盖，不则退光素漆者亦可用，他如剔漆、填漆、紫檀镶嵌古玉，及毛竹、攒竹者，俱不雅观。

译文

印章以青田石晶莹洁白如玉、经日光照耀后灿烂如灯光的为雅致，但古人实际并不看重青田石，五金、象牙、玉、水晶、木、石都可用来制作印章，只有陶瓷印章绝不可用，即便是官窑、哥窑、冬青窑做的印章，也都非古雅器物。古鎏金、镀金、细错金银、商金、青绿、金玉、玛瑙等印章，篆刻精致古雅、钮印鼻样式奇巧的，都应该多收藏，以供赏玩。印泥池以官窑、哥窑烧制的方瓷盒为珍贵，定窑烧制的八角形、圆形的瓷盒又次之，青花白地、有盖的、长方形的瓷盒都很俗。近来有做成全身和盖都是螭翻

印章

滚形的白玉印池，虽然做工精致绝伦，但不入品。我见过的有夏商周时期的玉石方池，内外都有土锈血浸，不知以前有何用处，现在用作印池就很古雅，但不适合日用，只可作为一种文人用具收藏。图书盒子以豆瓣楠、赤水木、椤木制作，做成连盖方盒，不然退光素漆的也可使用，其他像剔漆、填漆、紫檀镶嵌古玉，以及毛竹、攒竹等样式，都不雅观。

梳 具

以瘿木为之，或日本所制，其缠丝、竹丝、螺钿、雕漆、紫檀等，俱不可用。中置玳瑁梳、玉剔帚、玉缸、玉合之类，即非秦、汉间物，亦以稍旧者为佳。若使新俗诸式阑入，便非韵士所宜用矣。

梳具用瘿木制作或日本制作的，其余缠丝、竹丝、螺钿、雕漆、紫檀等材质的，都不能用。其中放置玳瑁梳、玉剔帚、玉缸、玉盒之类的梳具，即使不是秦、汉间的旧物，也以稍微古旧一些的为好。如果把时下流行的俗式放进去，便不适合风雅之士使用了。

梳具

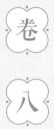

卷

八

衣

饰

❶文缋（huì）：花纹图画。❷铜山金穴②：比喻极其富有。❸粲粲：鲜明貌。❹蝉冠：插有蝉饰的冠，泛指高官。❺朱衣：大红色公服。❻襜帽襕（lán）衫：襜帽，帽的边缘形如襜状。襕衫，古代士人之服。因其衫下施横襕为裳，故称。

衣冠制度，必与时宜，吾侪既不能披鹑带索，又不当缀玉垂珠，要须夏葛、冬裘，被服娴雅，居城市有儒者之风，入山林有隐逸之象。若徒染五采，饰文缋①，与铜山金穴②之子，侈靡斗丽，亦岂诗人粲粲③衣服之习乎？至于蝉冠④朱衣⑤，方心曲领，玉佩朱履之为"汉服"也；幞头大袍之为"隋服"也；纱帽圆领之为"唐服"也；襜帽襕衫⑥、深衣幅巾之为"宋服"也；巾环襆领、帽子系腰之为"金元服"也；方巾团领之为"国朝服"也，皆历代之制，非所敢轻议也。志《衣饰第八》。

服饰衣冠的规格制度，必然要与时代相宜。我辈既不能穿鸟羽兽皮所制之衣，以草索为带，又不能缀玉垂珠，过度奢侈。最适合夏天穿葛麻、冬天穿皮裘，穿衣服一定要文静优雅，居住在城市则有儒士风度，避居山林则有隐士高风，如果只是色彩艳丽，纹饰精美，与富有人家的子弟争奢斗艳，又岂是诗人穿鲜盛衣服的本意呢？至于有蝉饰的冠，大红色的公服，方心曲领，玉佩红鞋的是"汉服"；幞头大袍的是"隋服"；纱帽圆领的是"唐服"；襜帽襕衫、上衣下裳相连、戴有头巾的是"宋服"；巾上系环带有滚领、帽子系腰的是"金元服"；方巾团领的是"国朝（明）服"，这些都是历朝历代的服饰规格，不敢妄议。记《衣饰第八》。

道服

制如深衣①，以白布为之，四边延以缁色布，或用茶褐为袍，缘以皂布。有月衣，铺地如月，披之则如鹤氅②，二者用以坐禅策蹇，披雪避寒，俱不可少。

道服的样式像深衣，用白布做长袍，四周用黑布镶边，或者用茶褐色布料做袍子，也用黑布作边。有一种月衣，在地面上铺开后仿如月形，披在身上则像披风，这两种衣服都是坐禅或者骑马时用来御寒遮挡风雪的，都不可少。

道

服

冠

铁冠最古，犀、玉、琥珀次之，沉香、葫芦者又次之，竹箨①、瘿木者最下。制惟偃月②、高士③二式，余非所宜。

帽子以铁制的最古老，犀牛角、玉、琥珀制作的稍次，沉香、葫芦制成的又次一等，笋壳、楠木树根做成的最差。头冠的制式只有偃月和高士两种合适，其余的都不可取。

❶竹箨（tuò）：笋壳。 ❷偃月：泛称半月形，此处用以形容冠的形状。 ❸高士：此指隐居不仕或修行

者戴的头冠。

二五四

冠

巾

汉巾去唐式不远，今所尚"披云巾"最俗，或自以意为之，"幅巾"最古，然不便于用。

汉巾与唐巾的样式差别不大，现今人们推崇的"披云巾"最为俗气，或是有人自出己意制作，幅巾的样式最为古老，但不便于使用。

笠

笠

　　细藤者佳，方广二尺四寸，以皂绢缀檐，山行以遮风日。
又有叶笠、羽笠，非可常用。

 译文

　　斗笠以细藤制的为好，方圆二尺四寸，用黑色绢布包裹边沿，
爬山时用以遮挡风雨和太阳，也有用竹叶制的、动物羽毛制的
斗笠，不能作日常之用。

履

冬月秧履最适，且可暖足。夏月棕鞋惟温州者佳，若方舄①等样制作不俗者，皆可为济胜之具②。

冬天穿秧履最舒适，而且也可以暖足。夏天穿的棕榈鞋以温州产的最好，像方舄等制作样式与众不同的鞋子，都可在游览远行时穿。

履

卷九 舟车

①舻（lú）：船尾。②厦飨：舱外宴饮。③篮舆：古代供人乘坐的交通工具。④缋罽（jì）：彩色的毛织物。⑤钩膺：马颔及胸上的革带，下垂缨饰。

舟之习于水也，木舸连轴，巨槛接舻^①，既非素士所能办。蜻蜓蚱蜢，不堪起居。要使轩窗阑槛，俨若精舍，室陈厦飨^②，靡不咸宜。用之祖远饯近，以畅离情；用之登山临水，以宣幽思；用之访雪载月，以写高韵；或芳辰缀赏，或静女采莲，或子夜清声，或中流歌舞，皆人生适意之一端也。至如济胜之具，篮舆^③最便，但使制度新雅，便堪登高涉远。宁必饰以珠玉，错以金贝，被以缋罽^④，藉以簟茀，缕以钩膺^⑤，文以轮辕，绚以幨帷，和以鸣鸾，乃称周行、鲁道哉？志《舟车第九》。

在水中航行的船，如果是大船巨舰，首尾相连，数量众多，这些并不是布衣之士所能置办的；如果是像蜻蜓、蚱蜢般的小船，又不能兼顾起居生活。造船关键是窗户、栏杆、门槛都要有，俨然像一座精致的小屋，舱内陈设与舱外宴饮，无不合适。船可以饯别远近旅行的亲人友朋，用以畅叙离别之思；可用来登山游水，发思古之幽情；可用以月夜赏雪，彰显高雅情致；或共赏良辰美景，或观美女采撷莲子，或听取乐府音声，或于舟中观赏歌舞，都是人生闲适得意的一种方式。至于登山游览之物，以篮舆最为方便，只要其制式新奇雅致，皆可用于登高涉远。难道车架一定要装饰有珍珠宝玉、以金银珠贝交错其上、披上彩色的毛织物、车厢后窗装有竹席、马上挂有缨饰、车轮

雕有纹饰、马的头部有鞗革装饰、车铃响亮，才能称得上行驶顺畅、道路通达吗？记《舟车第九》。

巾 车

　　今之"肩舆"^①，即古之"巾车"也。第古用牛马，今用人车，实非雅士所宜。出闽、广者精丽，且轻便；楚中有以藤为扛者，亦佳。近金陵所制缠藤者，颇俗。

　　现在的"肩舆"，就是古代的"巾车"。不过古人用牛马拉车，而现在用人力，实在不适合文人雅士乘坐。福建、广东产的巾车精致华丽，而且轻便；湖南、湖北有用藤条为抬杠的巾车，也不错。近来金陵所造缠藤巾车，颇为俗气。

巾
车

篮 舆

山行无济胜之具，则篮舆似不可少，武林^①所制，有坐身踏足处，俱以绳络者，上下峻坂皆平，最为适意，惟不能避风雨。有上置一架，可张小幔者，亦不雅观。

登山如果没有其他的攀登用具，则篮舆似是不可或缺的，武林所制篮舆有坐卧脚踏的地方，都用绳索捆绑结实，上下陡坡如履平地，最为舒适惬意，只是不能遮风蔽雨。有的篮舆在上面放置一个架子，可张开小的帷幔，也不雅观。

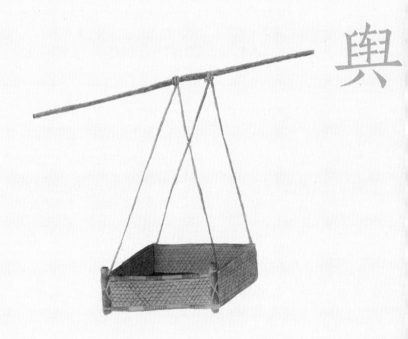

篮輿

舟

　　形如划船，底惟平，长可三丈有余，头阔五尺，分为四仓：中仓可容宾主六人，置桌凳、笔床、酒枪、鼎彝、盆玩之属，以轻小为贵；前仓可容僮仆四人，置壶榼、茗炉、茶具之属；后仓隔之以板，傍容小弄^①，以便出入。中置一榻，一小几。小厨上以板承之，可置书卷、笔砚之属。榻下可置衣厢、虎子^②之属。幔以板，不以篷簟^③，两傍不用栏楯，以布绢作帐，用蔽东西日色，无日则高卷，卷以带，不以钩。他如楼船、方舟诸式，皆俗。

　　舟的形状和用桨拨水的船相似，舟底平，长三丈多，船头宽五尺，分为四舱：中舱可容纳主人宾客六人，舱内放置桌凳、笔架、酒壶、钟鼎彝器、盆景之类，以轻小的为好；前舱可容僮仆四人，放置酒壶、茶炉、茶具之类；后舱用木板隔开，旁边留一过道，方便出入。舱中可放一张睡榻，一张小几。小橱柜上搭一木板，可放书卷、笔砚之类。榻下放衣箱、便壶等物。船幔要用木板，不能用竹席，两边不用栏杆，用绢布作幔帐以遮挡阳光，没有太阳时就卷起来，卷时用布带捆绑，不用钩子。其他像楼船、方舟等样式，都俗气。

舟

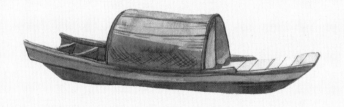

小 船

长丈余，阔三尺许，置于池塘中，或时鼓枻中流，或时系于柳阴曲岸，执竿把钓，弄月吟风。以蓝布作一长幔，两边走檐，前以二竹为柱，后缚船尾钉两圈处，一童子刺②之。

译文

小船长一丈有余，宽三尺左右，放在池塘中，有时在湖面划桨泛舟；有时系在柳荫河岸，执竿垂钓，吟咏风月。用蓝布作一长幔，两边伸出作檐，前面用两根竹竿支撑，后面绑缚在船尾钉两圈处，让一童子撑船。

小船

卷

十

位

置

❶云林：倪瓒，字元镇，号云林。

位置之法，烦简不同，寒暑各异，高堂广榭，曲房奥室，各有所宜，即如图书鼎彝之属，亦须安设得所，方如图画。云林❶清秘，高梧古石中，仅一几一榻，令人想见其风致，真令神骨俱冷。故韵士所居，入门便有一种高雅绝俗之趣。若使前堂养鸡牧豕，而后庭侈言浇花洗石，政不如凝尘满案，环堵四壁，犹有一种萧寂气味耳。志《位置第十》。

译文

空间布置的方法，繁简不同，冬夏各异，高堂楼阁，清居密室，各有特色，即使典籍与鼎彝金石器物之类，也须安置在合适的地方，才能如图画般好看。元代倪瓒所建的清幽居所，处在高大的梧桐与古意的石头之中，中间仅仅放置一张几一张卧榻，实在令人想见其山居的风神雅致，直觉神清气爽。因此文人雅士的居处，入门便应当有一种高雅绝俗的趣味。如果是在前院养鸡喂猪，而在后庭大谈浇花洗石，那还不如让落尘布满案几，四壁简陋，还能体现一种萧条寂静的风格。记《位置第十》。

悬　画

　　悬画宜高，斋中仅可置一轴于上，若悬两壁及左右对列，最俗。长画可挂高壁，不可用挨画竹曲挂。画桌可置奇石，或时花盆景之属，忌置朱红漆等架。堂中宜挂大幅横披，斋中宜小景花鸟；若单条、扇面、斗方、挂屏之类，俱不雅观。画不对景，其言亦谬。

　　悬挂书画应当高一些，室内只可悬挂一幅在壁上，如果两壁及左右对列悬挂，最是俗气。长卷的画可以挂在高墙，不能用细竹曲挂。画桌上可放些奇石或花草盆景之类的器物，忌讳放置朱红漆类的架子。厅堂内适合挂大幅横批画，室内适合挂小景与花鸟画。像单条、扇面、斗方、挂屏之类的都不雅观。如果悬挂的画和周围的景色不协调，那就适得其反了。

置　炉

　　于日坐几上置倭台几方大者一，上置炉一；香盒大者一，置生、熟香；小者二，置沉香、香饼之类；箸瓶一。斋中不可用二炉，不可置于挨画桌上，及瓶盒对列。夏月宜用磁炉，冬月用铜炉。

　　在日常坐的几上放置日式的几一个，上面放置一个炉子；大的香盒一个，盛放生香、熟香；小的香盒两个，盛放沉香、香饼之类；放筷子的瓶子一个。室内不可以用两个炉子，不能放在靠近画桌的地方，瓶子与盒子不可对列放置。夏天适合用陶瓷炉，冬天适合用铜炉。

置　瓶

随瓶制置大小倭几之上，春冬用铜，秋夏用磁。堂屋宜大，书室宜小，贵铜瓦，贱金银，忌有环，忌成对。花宜瘦巧，不宜烦杂。若插一枝，须择枝柯奇古，二枝须高下合插，亦止可一二种，过多便如酒肆。惟秋花插小瓶中不论。供花不可闭窗户焚香，烟触即萎，水仙尤甚。亦不可供于画桌上。

　　根据花瓶的制式放在大小相宜的日式几案之上，春冬时节适合用铜瓶，夏秋之时则用瓷瓶。厅堂适合用大瓶，书房适合用小瓶，以铜质瓷质的为贵，以金质银质的为俗，忌讳有瓶耳，忌讳成对放置。瓶花要瘦小巧妙，不要繁复杂乱。若插花一枝，须选择枝干奇特古朴的；如果插两枝要高低错落，花也只能插一两种，太多就像酒馆了。只有秋花插小瓶中可以不论多少。插花的房间不能关窗焚香，花若受烟熏则会枯萎，水仙尤其如此。插花的花瓶也不能摆放在画桌上。

置

瓶

亭 榭

亭榭不蔽风雨，故不可用佳器，俗者又不可耐，须得旧漆、方面、粗足、古朴自然者置之。露坐，宜湖石平矮者，散置四傍，其石墩、瓦墩之属俱置不用，尤不可用朱架架官砖①于上。

亭阁台榭不能遮风避雨，所以制作亭榭不宜用上好木料，但太俗又实在难以忍受，须得用旧漆、方形、粗足、古朴自然的木料建造。亭阁台榭的露天坐凳适合选取平矮的太湖石，散置在亭子四周，其余石墩、瓦墩之类的都不可使用，尤其不可用朱红色的架子，并在上面铺设官窑砖。

亭

榭

敞 室

　　长夏宜敞室，尽去窗槛，前梧后竹，不见日色，列木几极长大者于正中，两傍置长榻无屏者各一。不必挂画，盖佳画夏日易燥，且后壁洞开，亦无处宜悬挂也。北窗设湘竹榻，置簟于上，可以高卧。几上大砚一，青绿水盆一，尊彝之属，俱取大者。置建兰一二盆于几案之侧。奇峰古树，清泉白石，不妨多列。湘帘四垂，望之如入清凉界中。

 译 文

　　夏天适合敞开屋子，窗栏尽数拆去，屋前梧桐屋后竹林，遮挡炎日，放一张又长又大的木几在室内正中，两边各置一张无屏长榻，不必悬挂书画，因为好画夏天容易干燥受损，况且后壁洞开，也没有地方适合悬挂。北窗放一张湘竹榻，铺上席子，可以躺卧。几案上放大砚台一个，青绿水盆一个，尊彝之类的也都要用较大的。放一两盆建兰在几案旁边。奇峰古树、清泉白石等盆景不妨多放。四周悬挂湘竹做的帘子，看上去俨然是一片清凉世界。

敞

室

佛 室

内供乌丝藏佛一尊，以金鏒甚厚、慈容端整、妙相具足者为上，宋元脱纱大士像俱可，用古漆佛橱。若香象、唐象及三尊并列接引、诸天等象，号曰"一堂"，并朱红小木等橱，皆僧寮所供，非居士所宜也。长松石洞之下，得古石像最佳。案头以旧磁净瓶献花，净碗酌水，石鼎爇①印香，夜燃石灯，其钟、磬、幡、幢、几、榻之类，次第铺设，俱戒纤巧。钟、磬尤不可并列。用古倭漆经箱，以盛梵典。庭中列施食台②一，幡竿一，下用古石莲座石幢一，幢下植杂草花数种，石须古制，不则亦以水蚀之。

佛室内供奉西藏产的金佛一尊，以金鏒厚实、慈眉善目、面容庄严皆备的为上品，或者宋元时期没有披纱的观音菩萨像，都可以，用古漆佛橱供奉。像香像、唐像及三尊像，并列有接引、诸天等像的，称为"一堂"，一起用朱红色小木橱的，是僧人居室的供奉，并不适合居士。在松林石洞之下得到古佛像最好。案头供奉的话用旧瓷净瓶插花，净碗盛水，石鼎焚香，夜里点燃石灯，钟、磬、幡、幢、几、榻之类的依次排列，都不能追求纤巧。钟、磬两种尤其不能并列摆放。用古旧日式经箱存放佛经。庭中再设施食台一个，挂幡旗的竹竿一个，竹竿下再设古石莲花座石幢一个，幢下种植各种花花草草。石幢须古旧，不然也可以用水浸泡侵蚀后再用。

❶ 爇（ruò）：焚烧，燃烧。❷ 施食台：施食是佛教的一种仪式，此处指在庭院中设置的行此仪式的台子。

二八六

佛室

卷

十

一

蔬

果

❶ 田文……指孟尝君，传其门客数千。❷ 酒鎗（chēng）……一种温酒器。❸ 市贩……商贩。❹ 屠沽……宰杀牲口和卖酒为业的人。

田文①坐客，上客食肉，中客食鱼，下客食菜，此便开千古势利之祖。吾曹谈芝讨桂，既不能饵菊术，啖花草，乃层酒累肉，以供口食，真可谓秽吾素业。古人蘋蘩可荐，蔬笋可羞，顾山肴野蔌，须多预蓄，以供长日清谈，闲宵小饮。又如酒鎗②皿合，皆须古雅精洁，不可毫涉市贩③之屠沽④气。又当多藏名酒，及山珍海错，如鹿脯、荔枝之属，庶令可口悦目，不特动指流涎而已。志《蔬果第十一》。

孟尝君的座上食客里，上等的食客吃肉，中等的食客吃鱼，下等的食客吃菜，这便是有史以来根据身份地位区别对待的源头。我们谈论有灵芝丹桂高洁品性的人，但自己却不能餐食菊英、白术，尝食花草，而是大量饮酒吃肉，用以满足口腹之欲，真是玷污我辈的操守。蘋蘩、蔬笋在古人那里都可以用来佐食，野味和蔬菜尤须提前准备，以供白日清谈、夜晚悠闲小酌。此外酒器食具都要古雅精致干净，不能显出丝毫肉铺酒肆的市侩气。此外应当多珍藏天下名酒以及山珍海味，如鹿脯、荔枝之类，这样能使菜肴既可口又悦目，不仅仅只是让人味蕾大动想吃而已。记《蔬果第十一》。

樱　桃

樱桃古名"楔桃"，一名"朱桃"，一名"英桃"，又为鸟所含，故《礼》称"含桃"。盛以白盘，色味俱绝。南都曲中有英桃脯，中置玫瑰瓣一味，亦甚佳，价甚贵。

译文

樱桃古称"楔桃"，也叫"朱桃"，又叫"英桃"，又因常被鸟含食，所以《礼记》称之为"含桃"，盛放在白盘里，色味俱佳。南京妓坊中有一种樱桃干，中间放玫瑰花瓣一片，也很好吃，不过价格很昂贵。

樱

桃

桃李梅杏

桃易生，故谚云"白头种桃"。其种有：匾桃、墨桃、金桃、鹰嘴、脱核蟠桃，以蜜煮之，味极美。李品在桃下，有粉青、黄姑二种，别有一种，曰"嘉庆子"，味微酸。北人不辨梅、杏，熟时乃别。梅接杏而生者，曰杏梅。又有消梅，入口即化，脆美异常，虽果中凡品，然却睡止渴，亦自有致。

桃树易种，所以有"白头种桃"的谚语。桃树的品种有匾桃、墨桃、金桃、鹰嘴、脱核蟠桃，用蜜水煮食，味道极其鲜美。李子品级在桃之下，有粉青、黄姑两种，另外还有种叫"嘉庆子"的李子，味道微酸。北方人不会辨别梅树与杏树，要到成熟的时候才能区分清楚。梅树嫁接在杏树上长出来的果实叫"杏梅"。还有一种消梅，入口即化，脆美非常，虽是水果中的寻常品种，却能醒神止渴，也是别有风味。

桃李梅杏

橘　橙

　　橘为"木奴"，既可供食，又可获利。有绿橘、金橘、蜜橘、扁橘数种，皆出自洞庭；别有一种小于闽中，而色味俱相似，名"漆碟红"者，更佳；出衢州者皮薄亦美，然不多得。山中人更以落地未成实者，制为橘药，酸者较胜。黄橙堪调脍①，古人所谓"金虀②"；若法制丁片，皆称俗味。

　　橘子又叫"木奴"，既可食用，也可出售换钱。有绿橘、金橘、蜜橘、扁橘等品种，都产自苏州洞庭湖一带；还有一种小于闽橘但颜色味道都很相似，叫"漆碟红"的，更好；产自衢州的橘子皮薄也很美味，但不多见。更有山中人家把落地但尚未成熟的橘果捡起来，制为橘药的，酸的味道更好。黄橙可以切成细片，即古人所谓的"金虀"；现在如果如法炮制切成丁和片，那就成俗味了。

橘橙

香 橼

大如杯盂，香气馥烈，吴人最尚。以磁盆盛供，取其瓤①，拌以白糖，亦可作汤，除酒渴。又有一种皮稍粗厚者，香更胜。

香橼大得像水杯，香气浓郁，吴中人最喜欢。用瓷盆盛放，取出果肉，拌上白糖，也可作汤，用于酒后解渴。还有一种果皮稍微粗厚些的，香气更浓郁。

香橼

枇 杷

枇杷独核者佳，株叶皆可爱，一名"款冬花"，荐之果盒，色如黄金，味绝美。

译文

枇杷以一个果核的为好，植株和叶子都很可爱，其又名"款冬花"，可将枇杷放在盛放果品的箱盒里面，颜色金黄，味道极美。

枇

杷

杨 梅

吴中佳果，与荔枝并擅高名，各不相下。出光福山中者，最美，彼中人以漆盘盛之，色与漆等，一斤仅二十枚，真奇味也。生当暑中，不堪涉远，吴中好事家或以轻桡邮置，或买舟就食。出他山者味酸，色亦不紫。有以烧酒浸者，色不变，而味淡；蜜渍者，色味俱恶。

译文

杨梅是苏州的上等水果，与荔枝齐名，不相上下，产自苏州光福山的杨梅最好，那里人用朱漆红盘盛放杨梅，杨梅的颜色和漆色一样鲜亮，一斤杨梅只有二十枚，是难得的果品。杨梅成熟的时候正值暑期，不能远运，苏州喜欢吃杨梅的人要么用小船运输，要么乘船前往品尝。产自其他山里的杨梅口感带酸，颜色也不发紫。有用烧酒来浸泡杨梅的，颜色不变而味道变淡；有用蜜渍的，颜色和味道都很差。

❶ 轻桡（ráo）：小桨。借指小船。

杨

梅

葡　萄

有紫、白二种：白者曰"水晶萄"，味差亚于紫。

葡萄有紫葡萄和白葡萄两种，白色的叫"水晶葡萄"，口感要比紫葡萄略差。

葡萄

荔　枝

　　荔枝虽非吴地所种，然果中名裔，人所共爱，"红尘一骑"，不可谓非解事❶人。彼中有蜜渍者，色亦白，第壳已殷，所谓"红缯白玉肤"，亦在流想间而已。龙眼称"荔枝奴"，香味不及，种类颇少，价乃更贵。

　　荔枝虽然不是苏州所产，但却是果中名品，人们都很喜欢，"红尘一骑"的故事，也并非是杨贵妃不懂事。荔枝产地有用蜜渍的荔枝，颜色发白，但壳已经变红，有"红缯白玉肤"的说法，这也只是对荔枝的想象而已。龙眼被称为"荔枝奴"，香味不及荔枝，种类较少，价格更贵。

荔枝

枣

枣类极多，小核色赤者，味极美。枣脯出金陵，南枣出浙中者，俱贵甚。

枣的品种很多，小核红枣，味道很好。南京产的枣脯和浙江中部产的南枣，价格都很昂贵。

枣

生　梨

　　梨有二种：花瓣圆而舒者，其果甘；缺而皱者，其果酸，亦易辨。出山东，有大如瓜者，味绝脆，入口即化，能消痰疾。

　　梨有两种：花瓣圆而舒展的，果实甘甜；花瓣少而有褶皱的，果实发酸，也容易分辨。山东产的梨，有的和瓜一样大，味道特别脆，入口即化，能够消痰止咳。

生

梨

栗

　　杜甫寓蜀，采栗自给，山家御穷，莫此为愈。出吴中诸山者绝小，风干，味更美；出吴兴者，从溪水中出，易坏，煨熟^①乃佳。以橄榄同食，名为"梅花脯"，谓其口作梅花香，然实不尽然也。

　　杜甫寓居蜀中时，靠摘板栗养家糊口，山里人若要维持生计，没有比这更为合适的了。苏州山里产的栗子都很小，风干后食用，味道更好；产自吴兴的栗子，通过溪水运出，容易坏，要慢慢煮熟后才好。板栗与橄榄一起食用，被称为"梅花脯"，据说其入口有梅花香，但其实并不都是这样。

柿

柿有七绝：一寿，二多阴，三无鸟巢，四无虫，五霜叶可爱，六嘉实，七落叶肥大。别有一种，名"灯柿"，小而无核，味更美。或谓柿接三次，则全无核，未知果否。

柿树有七个特点：一是树的寿命长，二是树荫繁茂，三是没有鸟巢，四是不生虫子，五是经霜的叶子惹人喜爱，六是果实饱满，七是落叶肥大。另有种叫"灯柿"的柿子，小而无核，味道更美。有人说柿子树嫁接三次，柿子就完全没有果核了，不知是否果然如此。

菱

　　两角为"菱"，四角为"芰"，吴中湖泖①及人家池沼皆种之。有青红二种。红者最早，名"水红菱"；稍迟而大者，曰"雁来红"。青者曰"莺哥青"；青而大者，曰"馄饨菱"，味最胜；最小者曰"野菱"。又有"白沙角"，皆秋来美味，堪与扁豆并荐。

　　两角的是菱，四角的是芰，吴中湖泊及民家水池都有种植。有青红两种：红色的成熟最早，叫"水红菱"；成熟稍晚而个头儿大的叫"雁来红"；青色的叫"莺哥青"，青而大的叫"馄饨菱"，味道最美；最小的叫"野菱"。还有"白沙角"，都是秋天的美味，可以与扁豆一起食用。

①湖泖（mǎo）：水面平静的湖。

菱

芡

芡花昼展宵合，至秋作房如鸡头，实藏其中，故俗名"鸡豆"。有秔、糯二种，有大如小龙眼者，味最佳，食之益人。若剥肉和糖，捣为糕糜，真味尽失。

译文

芡花白天开放夜晚闭合，到秋天的时候花托宛如鸡头，果实藏在其中，俗称"鸡豆"。芡有秔、糯两种，有种像龙眼般大小的，味道最好，食用对人大有裨益。如果剥壳取肉再加糖搅拌，捣烂如泥，其原味就尽皆失去了。

❶ 秔（jīng）：一种黏性较小的稻。 ❷ 糯（nuò）：一种有黏性的稻米。

芡

花 红

西北称柰，家以为脯，即今之蘋婆果是也。生者较胜，不特味美，亦有清香。吴中称"花红"，即名"林檎"，又名"来禽"，似柰而小，花亦可观。

花红在西北被称为柰，每家都将其做成果脯，就是今天的蘋婆果。花红生吃较好，不仅味道鲜美，也有清香。苏州称"花红"的，即是"林檎"，又叫"来禽"，与柰相似而稍小，花朵也颇为值得观赏。

花

红

石　榴

石榴，花胜于果，有大红、桃红、淡白三种，千叶者名"饼子榴"，酷烈如火，无实，宜植庭际。

石榴，花朵要比果实好，有大红、桃红、淡白三种，花瓣重叠繁多的叫"饼子榴"，颜色鲜艳如火，没有果实，适合种植在庭院中。

石榴

西　瓜

西瓜味甘，古人与沉李并埒，不仅蔬属而已。长夏消渴吻，最不可少，且能解暑毒。

译文

西瓜味甜，古人将其与沉于水中的李子相提并论，不是只看作蔬菜类而已。夏天消暑解渴，西瓜是最不可少的，而且还能消解暑气热毒。

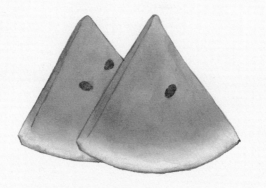

五加皮

　　久服轻身明目，吴人于早春采取其芽，焙干点茶，清香特甚，味亦绝美，亦可作酒，服之延年。

译文

　　经常服用五加皮可以使人身轻目明。吴地人在早春采摘五加树的嫩芽，烘焙干后用以沏茶，特别清香，味道也是绝美，也可以用来泡酒，服用可以延年益寿。

五加皮

白扁豆

纯白者味美，补脾入药，秋深篱落，当多种以供采食，干者亦须收数斛[1]，以足一岁之需。

纯白的扁豆味道鲜美，有补脾的药效，篱笆院落应当多种一些以便深秋时节采摘食用，干的白扁豆也可以贮藏一些，供一年食用。

白扁豆

菌

雨后弥山遍野，春时尤盛，然蛰后虫蛇始出，有毒者最多，山中人自能辨之。秋菌味稍薄，以火焙干，可点茶，价亦贵。

译文

雨后漫山遍野都是菌类，春天的时候尤其多，但惊蛰之后虫蛇开始活动，有毒的菌类也很多，山里面的人自然能够分辨。秋天菌类的味道稍微淡些，用火烘干，可以泡茶，价格也很贵。

菌

茄 子

茄子一名"落酥"，又名"昆仑紫瓜"，种苋其傍，同浇灌之，茄、苋俱茂，新采者味绝美。蔡遵为吴兴守，斋前种白苋、紫茄，以为常膳。五马贵人②，犹能如此，吾辈安可无此一种味也？

译文

茄子别名"落酥"，也叫"昆仑紫瓜"，在茄子边上种苋菜，一同浇灌，等到茄子、苋菜都很繁茂的时候，新采下来的味道会很好。南朝蔡撙担任吴兴太守的时候，在屋前种白苋和紫茄，作为日常食物。贵为太守尚且如此，我辈怎能少了茄子这一道美味呢？

茄子

茭 白

　　古称雕胡，性尤宜水，逐年移之，则心不黑，池塘中亦宜多植，以佐灌园所缺。

　　茭白古称雕胡，其物性尤其适合水中生长，若每年都有移植，则茭白茎干上就不会长黑点，池塘中也应该多种植一些，用来补充菜园缺少的品种。

茭白

山 药

本名"薯药"，出娄东岳王市❶者，大如臂，真不减天公掌，定当取作常供。夏取其子，不堪食。至如香芋、乌芋、凫茨之属，皆非佳品。乌芋即"茨菇"，凫茨即"地栗"。

山药本名"薯药"，产自娄江之东岳王镇的山药，粗大如手臂，并不比"天公掌"这种山药差，应当取其作日用蔬菜。夏天取出来的种子，不好吃。至于香芋、乌芋、凫茨之类的，都不是好的品种。乌芋就是茨菇，凫茨就是地栗。

山

药

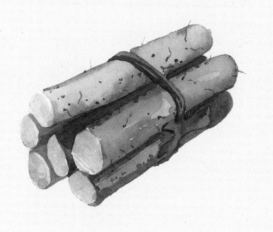

❶菘：白菜。

❷伊蒲：素食。

萝葡　蔓菁

萝葡一名"土酥"，蔓菁一名"六利"，皆佳味也。他如乌、白二菘❶，莼、芹、薇、蕨之属，皆当命园丁多种，以供伊蒲❷。第不可以此市利，为卖菜佣耳。

萝葡也叫"土酥"，蔓菁又叫"六利"，都是美味。其他像黑、白两种白菜，莼菜、芹菜、薇菜、蕨菜之类的，都应当让园丁多多种植，以供平日素食，切不可以此营生谋利，成为卖菜人。

萝 蔔

蔓 菁

卷十二 香茗

香、茗①之用，其利最溥。物外高隐，坐语道德，可以清心悦神；初阳②薄暝③，兴味萧骚，可以畅怀舒啸；晴窗拓帖④，挥麈闲吟，篝灯⑤夜读，可以远辟睡魔；青衣红袖，密语谈私，可以助情热意；坐雨闭窗，饭余散步，可以遣寂除烦；醉筵醒客，夜语蓬窗，长啸空楼，冰弦戛指，可以佐欢解渴。品之最优者，以沉香、岕茶为首，第焚煮有法，必贞夫韵士，乃能究心耳。志《香茗第十二》。

焚香品茗的好处最多，隐逸人世之外，坐而谈玄论道之时，焚香品茗可以令人神清气爽、精神愉悦；白日初升、傍晚日落，意兴阑珊之际，焚香品茗可以让人畅怀歌啸；在明亮的窗户边摹拓碑帖，清谈闲聊，挑灯夜读之时，焚香品茗可以驱除睡意；闺阁女子，窃窃私语之际，焚香品茗可以增进情意；雨天关窗而坐，饭后散步之余，焚香品茗可以排遣寂寥、消除烦恼；宴会酒醒，夜晚谈心，在空楼长啸，弹琴唱和，焚香品茗可以解渴助兴。香茗中最好的，应当以沉香、岕茶为头等，只是焚烧煎煮有法，这必然只有真正的君子雅士，才能专心研究。记《香茗第十二》。

❶ 茗：泛指茶。❷ 初阳：朝阳、晨晖。❸ 薄暝（míng）：傍晚，天将黑的时候。❹ 拓帖：摹拓古碑帖。

❺ 篝灯：置灯于笼中。

沉　香

　　质重，劈开如墨色者佳，沉取沉水，然好速亦能沉。以隔火炙过，取焦者别置一器，焚以熏衣被。曾见世庙^①有水磨雕刻龙凤者，大二寸许，盖醮坛^②中物，此仅可供玩。

　　沉香质地厚重，劈开后颜色如墨的是上品，沉香的好坏不能以其能不能沉水判断，好的片速香也能沉入水中。沉香隔火炙烤之后，将烤焦的另外放置在一个容器中，焚烧用以熏衣服被褥。我曾见到嘉靖年间雕刻有龙凤图案的水磨状的沉香，大两寸左右，是道士祈祷用的祭坛中的东西，只能供人赏玩。

沉

香

安息香

　　都中有数种，总名安息，月麟、聚仙、沉速为上，沉速有双料者，极佳。内府别有龙挂香，倒挂焚之，其架甚可玩，若兰香、万春、百花等皆不堪用。

译文

　　京城中有多种安息香，统称安息，月麟、聚仙、沉速为上品。沉速这一品种的安息香有双料的，最好。内府另有龙挂香，倒挂焚烧，挂香的架子也很别致，像若兰香、万春香、百花香等，都不堪使用。

❶双料：指制造物品用的材料比通常的同类物品加倍，多用于比喻。

安息香

品 茶

古人论茶事者，无虑数十家，若鸿渐之"经"，君谟之"录"，可谓尽善。然其时法用熟碾为丸为挺，故所称有"龙凤团"、"小龙团"、"密云龙"、"瑞云翔龙"，至宣和间，始以茶色白者为贵。漕臣郑可简始创为"银丝冰芽"①，以茶剔叶取心，清泉渍之，去龙脑诸香，惟新胯小龙①蜿蜒其上，称"龙团胜雪"，当时以为不更之法。而我朝所尚又不同，其烹试之法，亦与前人异，然简便异常，天趣悉备，可谓尽茶之真味矣。至于洗茶、候汤、择器，皆各有法，宁特侈言"乌府"、"云屯"、"苦节"、"建城"②等目而已哉！

译文

古人论述茶道的，不用太多思考便可数出几十家，像陆羽的《茶经》、蔡襄的《茶录》，可以说论述详尽，但当时制茶是用熟碾法制成团形和条形，所以又有"龙凤团""小龙团""密云龙""瑞云翔龙"的称呼，到了宣和年间，开始以白茶为贵。主管漕运的大臣郑可简始创"银丝冰芽"，专门剔去茶叶而取其嫩芽心，用清凉的泉水浸泡，去除龙脑香等异味，用模具压成曲折爬行状的小龙团这种新茶，被称为"龙团胜雪"，当时人们以为是定法不会再改变了。然而到我朝所崇尚的又有不同，烹试的方法也与前人不同，但非常简便，也很有自然情趣，可以说完全体现了茶的本来味道。至于洗茶、烹茶时观察情况、茶具选

长物志

❶ 新胯小龙：胯，古代的一种量词，常用于茶叶，如千胯、百胯。小龙，即小龙团，宋代茶叶精品，用模具压成龙形，故得名。

❷ "乌府"、"云屯"、"苦节"、"建城"："乌府"，装炭的竹篮；"云屯"，贮水瓶；"苦节"，明代竹茶炉被称为"苦节君像"；"建城"，包裹茶叶的笼子。

三四八

品

茶

择，也都各自有其方法，这哪里只是特谈"乌府""云屯""苦
节""建城"等名目呢？

虎丘　天池

虎丘，最号精绝，为天下冠，惜不多产，又为官司所据。寂寞山家，得一壶两壶，便为奇品，然其味实亚于芥。天池，出龙池一带者佳，出南山一带者最早，微带草气。

虎丘茶，是最有名的好茶，号称天下之冠，可惜产量不多，又被官家据有。山里人能得个一壶两壶，便将之视为奇物，但它的味道其实不如芥茶。天池茶，产自苏州龙池一带的好，产自南山一带的最早，微带青草气息。

虎丘　天池

洗 茶

先以滚汤候少温洗茶，去其尘垢，以定碗盛之，俟冷点茶①，则香气自发。

译文

先将沸水放置凉一些再用以冲洗茶叶，去除表面的尘垢，用定窑烧制的瓷茶碗盛放，等到凉了再沏茶，如此则香气四溢。

洗

茶

候　汤

　　缓火炙，活火煎。活火，谓炭火之有焰者，始如鱼目为"一沸"，缘边泉涌为"二沸"，奔涛溅沫为"三沸"。若薪火方交，水釜才炽，急取旋倾，水气未消，谓之"嫩"；若水逾十沸，汤已失性，谓之"老"，皆不能发茶香。

　　用小火慢慢烘烤，用活火熬煮。活火，指的是有焰的炭火。水慢慢升温起泡像鱼眼睛一样的为"一沸"，容器边缘已经像泉水喷涌的为"二沸"，像波涛翻腾飞溅有泡沫的为"三沸"。如果火刚开始烧，锅才刚刚热起来，就立即将茶水倒出，水汽未消，称之为"嫩"；如果水已经烧开十来次了，茶汤本性已失，就称之为"老"了，嫩水和老水都不能沏出茶的香味。

候汤

涤　器

茶瓶、茶盏不洁，皆损茶味，须先时涤器，净布拭之，以备用。

茶瓶、茶杯不干净，都会有损茶叶香味，因此须提前清洗茶具，用干净的布擦干，以待沏茶时用。

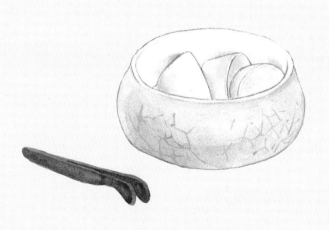

涤器

茶　洗

以砂为之，制如碗式，上下二层。上层底穿数孔，用洗茶，沙垢皆从孔中流出，最便。

　　洗茶用具用砂制作，形制和碗一样，上下两层。上层底部穿几个孔，用茶洗洗茶时，泥沙尘垢都从孔中流出来，最为方便。

茶
洗

茶　壶

壶以砂者为上，盖既不夺香，又无熟汤气，"供春"最贵，第形不雅，亦无差小者。时大宾所制又太小。若得受水半升，而形制古洁者，取以注茶，更为适用。其"提梁""卧瓜""双桃""扇面""八棱细花""夹锡茶替""青花白地"诸俗式者，俱不可用。锡壶有赵良璧者，亦佳，然宜冬月间用。近时吴中"归锡"^②，嘉禾"黄锡"^③，价皆最高，然制小而俗，金银俱不入品。

译文

茶壶以砂质的为上品，因为它不夺茶香，又不会沾染熟水味，"供春壶"最好，只是形状不雅，也没有小壶，时大彬制的砂壶太小，如果有能装水半升，且形制古朴简洁的砂壶，用来泡茶那就更为适用。至于"提梁""卧瓜""双桃""扇面""八棱细花""夹锡茶替""青花白地"等流俗样式都不可使用。锡壶中，赵良璧制作的也好，但适合冬天使用。近来苏州归懋德、浙江嘉兴黄元吉制作的锡壶，价格都很高，但是却又小又俗。金银壶都不入流。

❶时大宾：即时大彬，明万历年间的制壶名家。

❷归锡：归懋德制作的锡壶。

❸黄锡：黄元吉制作的

三六〇

茶 盏

　　宣庙有尖足茶盏，料精式雅，质厚难冷，洁白如玉，可试茶色，盏中第一。世庙有坛盏，中有茶汤果酒，后有"金箓大醮坛用"等字者，亦佳。他如白定等窑，藏为玩器，不宜日用。盖点茶须熁盏令热，则茶面聚乳，旧窑器熁热则易损，不可不知。又有一种名"崔公窑"，差大，可置果实，果亦仅可用榛、松、新笋、鸡豆②、莲实，不夺香味者；他如柑、橙、茉莉、木樨③之类，断不可用。

译文

　　明宣宗年间有种尖足茶盏，用料讲究，样式雅致，质地厚重，茶汤难冷，洁白如玉，可试茶色，可谓茶盏之首。明世宗年间的祭坛茶盏，用来盛放茶汤和果酒，后面有"金箓大醮坛用"等字样的，也是上品。其他如定窑白瓷茶盏等瓷器，可收藏起来作赏玩，不适合日常使用。因为沏茶的时候要熏烤茶盏使其受热，这样茶汤表面才会泛起汤花，旧窑器烤热之后容易破损，这些特性不可以不知道。还有种叫"崔公窑"的茶盏，比普通茶盏稍大些，可用来盛果实，不过只能盛榛子、松子、新笋、芡实、莲子等不夺茶香的果实，其他像柑、橙、茉莉花、桂花之类的，断不可使用。

① 熁（xié）：熏烤。② 鸡豆：芡实。③ 木樨：桂花。

三六二

茶盏

跋

　　右《长物志》十二卷，明文震亨撰。震亨字启美，长洲人，徵明之曾孙，崇祯中，官武英殿中书舍人，以善琴供奉，明亡，殉节死。徐𣹢公《明画录》称其画宗宋、元诸家，格韵兼胜。考《明诗综》录启美诗二首，并述王觉斯语，言湛持忧谗畏讥，而启美浮沉金马，吟咏徜徉，世无嫉者，由其处世固有道焉。湛持即启美之兄，长洲相国也，顾绝不言其殉节事。岂竹垞尚传闻未审欤？

　　有明中叶，天下承平，士大夫以儒雅相尚，若评书品画，瀹茗焚香，弹琴选石等事，无一不精。而当时骚人墨客，亦皆工鉴别，善品题，玉敦珠盘^②，辉映坛坫^③，若启美此书，亦庶几卓卓可传者。盖贵介风流，雅人深致，均于此见之。曾几何时，而国变沧桑，向所谓"玉躞^④金题^⑤"，"奇花异卉"者，仅足供楚人一炬^⑥。呜呼！运无平而不陂，物无聚而不散，余校此书，正如孟尝君闻雍门子琴^⑦，泪涔涔霑襟而不能自止也。

　　同治甲戌小寒前一日，南海伍绍棠谨跋。

译文

　　右为《长物志》十二卷，明人文震亨撰。震亨字启美，长洲人，文徵明的曾孙，崇祯年间官至武英殿中书舍人，因擅长弹琴而为皇帝所用。明亡之时殉节而死。徐沁《明画录》认为文震亨的画宗宋、元诸家，格调、韵致都很好。检朱彝尊《明诗综》录有启美诗两首，并引述了王铎的话，说文震孟忧谗畏讥，而文震亨在官场沉浮，游乐于吟咏

❶ 玉敦： 古代盟誓时歃血的器皿。　**❷ 珠盘：** 珠饰的盘，古代盟会所用。　**❸ 坛坫：** 会盟的坛台。　**❹ 玉躞** 系缚卷轴用的带子上的玉别子，也叫插签。　**❺ 金题：** 泥金书写的题签。　**❻ 楚人一炬：** 用项羽屠咸阳、烧秦官室的典故。清兵南下，诸多地方也遭兵燹之灾，收藏被付之一炬。

之中，世上没有嫉恨他的人，这是因为他有自己的处世之道。文震孟即文震亨的兄长，是长洲的内阁大学士，但绝口不提启美殉节的事，难道朱彝尊认为这是传闻而未及细审吗？

明代中叶，天下太平，士大夫之间相互推崇儒雅，像品评书画、煮茶焚香、弹琴选玉等事情，无一不精，当时的文人墨客也都工于鉴别，擅长品题，在文坛交相辉映，像文震亨此书，也是为数不多可以流传下去的。富贵风流、雅人深致，都可在此见到。曾几何时，国家发生巨变，以前所谓的精美的书画与题签、各种奇花异草，也仅仅一把火就烧为灰烬了。呜呼！运势没有一直平坦而不变的，物品也没有聚而不散的。我校理此书，正像孟尝君听雍门子弹琴一样，泪水沾湿衣襟而不能止息。

同治十三年小寒前一日，南海伍绍棠跋。